JN250369

情報処理入門

－Windows10 & Office2016－

長尾文孝　著

共立出版

まえがき

本書は，大学生がコンピュータを用いて学習および研究を行うにあたって，最低限獲得してほしい情報リテラシーに焦点をあてている．大学生活においては，レポートの作成，プレゼンテーション，調査とデータ分析等，コンピュータを利用する場合が多く，かつ，日々の生活でも，携帯電話等のコンピュータを利用することが，いまや当たり前である．これらを踏まえ，本書ではPCのハードやソフトウェア，情報通信ネットワークに関する知識，Windows 10とOffice 2016の操作法を解説している．

コンピュータを学習する際，ソフトの操作方法を覚えることが目的となっては意味がない，と思う．コンピュータのソフトはツール（道具）であり，ある目的（文書を書くことや発表をする等）を達成するために必要な手段としてとらえるべきである．ただ一方で，文字が消えてしまうがどうしたら良いか（挿入モードと上書きモードの区別），大文字しか打てなくなったがどうしたら良いか，といった基本的な操作方法についての質問を受けることも，10年前と現在も変わりはない．

以上を念頭に，本書では，このボタンをクリックするとこうなる，といった，ソフトの操作の解説のみに限るような内容にはしていない．必要不可欠な機能だけに絞り，それ以外の部分，すなわちコンピュータのハードとソフト，情報通信ネットワークに関する一般論，初歩の部分であっても，軽視してはいけないことを改めて掘り下げて解説している．言わば，コンピュータの総論に言及するような構成にし，かつ個々の知識ができるだけつながるように，しかし，極端に専門的にならないように，広く浅く，かつわかりやすくなるように心がけた．つまり，大学生が情報リテラシーを身に付ける際に，最低限知っておいてほしいことと，それに関する周辺の知識について，総合的に解説するような内容にした．

本書は，パラパラと開いて，該当する項目を探して学習するような本ではない．初めから最後まで通して読む本である．そのために，Officeの操作についても，多種存在する付加的な機能にはふれず，できる限り洗練して，重要な部分だけに焦点をあてた．是非，読者の方には通して読んでいただきたい．必ず，なるほどと感じる部分があると思う．

最後に，本書の発行・編集に尽力くださった共立出版の寿日出男氏，中川暢子氏，本書の資料取得をサポートしてくださった佛教大学情報システム課の諸氏に深く感謝申し上げたい．

2017年9月

筆者記す

目　次

第3章　コンピュータによる情報通信　*21*

第4章　Windows 10 の操作方法　*33*

第5章　キーボードを用いた入力　41

第6章　Word 2016 の操作方法　47

第1章
コンピュータとは何か

現在の社会において，コンピュータ（Computer）は必要不可欠な存在である．本章では，イントロダクション（導入）として，コンピュータという機器とその機構に関する基本的事項を解説する．

1.1 コンピュータの役割と実体

いまや身近な存在であるコンピュータだが，デスクトップ，ノート，タブレットパソコン，携帯電話は思い浮かんでも，それ以外には，と尋ねられたとき答えに窮するかもしれない．実は，現在コンピュータは至るところでみられる．本節では，われわれの生活におけるコンピュータの役割とその実体とは何かについてふれる．

1.1.1 コンピュータによる恩恵

現代社会において，コンピュータの恩恵をまったく受けていない人はほとんどいない．パソコン（PC：Personal Computer）や携帯電話を所有していない人であっても，どこかでコンピュータに接している．イメージ的にはディスプレイがあってキーボードがある機械のことを指すように感じるが，それだけがコンピュータではない．屋外に出ると，信号機，街灯，自動車や鉄道に至るまでコンピュータによって制御されているものを目にすることができる．一方，屋内では，家電製品，医療機器，インフラストラクチャー（水道，電気，ガス等）等もコンピュータで制御されている．ディスプレイとキーボードがなくても，組み込みシステムという，専用のコンピュータが裏で働いている．このことは，ほぼすべての人がコンピュータの恩恵を受けていることを意味する．無人島で人力のみで生きているような場合を除いて，何らかの形でコンピュータに接している．われわれ人類の偉大な発明の1つに車輪があるというのは有名な話だが，コンピュータもそれと同じように人類の偉大な発明品と言って良いかもしれない．

コンピュータが人類にどういった形で貢献しているかについては，インターネットを使うことができる，あるいは携帯電話でさまざまなアプリを使える等以外ではあまり実感がないかもしれない．しかし，例えば自動販売機を考えてみてほしい．金銭を入れると購入可能な商品のランプが点灯する．購入して釣銭があるならばそれを払い，商品の金額に足りなければ購入できないようにする．これらの動作は，自動販売機の中に内蔵されているコンピュータがすべてこなしている．何でもない作業のようだが，われわれ人間にはできない作業である．人間は休息をとらなければならないので，複数の人間で交代しないと，昼夜を問わず連続して一定の作業を続けることは不可能である．加えて人間はミスをするので，どんな場合でも同じ作業ができるかというと疑問符がつけられ，かつコンピュータが動作する費用より人件費の方が圧倒的にコストがかかる．コンピュータは正確無比の一定作業をこなし，休まない，そして同じ作業をし続け，かつコストを低く抑えるという利益を人類に供与している．それが当たり前となっている現在の社会では，コンピュータの存在を顧みることはあまりないが，コンピュータという機構によって，生産から消費までのすべての業種，個々の家庭の生活に至るまで，われわれ人類が恩恵を受けていることは間違いのない事実である．

1.1.2　コンピュータを構成する機構

コンピュータの実体は何かと聞かれるなら，パソコン等のイメージでとらえている読者はおそらく「機械」と思うかもしれないが，それは正答ではない．機械（コンピュータの回路）であることは確かではあるが，それだけではコンピュータではなく機械である．例えば，蒸気機関車は機械ではあるがコンピュータではない．コンピュータは機械である部分とその機械を動かすプログラムの部分があって初めて成立するもので，それらを統合した機構を意味する．コンピュータにおける機械の部分をハードウェアと言い，機械を動かすプログラムのことをソフトウェアと言う．

1.2　コンピュータのハードウェア

一般的にわれわれに馴染みの深いPC（パーソナルコンピュータ）は，1940年代に開発されたコンピュータに深く関わったフォン・ノイマン（機械にプログラムを内蔵する機構を開発した）にちなんでノイマン型コンピュータと呼ばれる．ノイマン型コンピュータであるPCのハードウェアは大きく分けて，演算装置，制御装置，入力装置，出力装置，記憶装置の5つの装置からなり，これらをコンピュータの5大装置と呼ぶ．これらの装置が具体的にどういった装置であるか以下で具体的に解説する．

1.2.1　演算装置と制御装置

演算装置は文字通り，演算（計算）を行う装置であり，制御装置はすべての装置をコントロール（制御）する装置である．現在，これらは一つになっていて，CPU（中央処理装置）という演算と制御の機能が一体化した装置としてPCを構成する（図1.2.1）．CPUは言わばコンピュータの心臓部であり，コンピュータにおける多種多様な処理を一手に引き受けている．2進法に従って処理を行い，一度に行う処理の単位が何ビットであるかによって（ビット幅あるいはデータパス幅と言う），コンピュータとしての用途は異なる．われわれが用いる一般的なPCでは32ビットあるいは64ビットである（ビット：2進法の単位であり，第2章で解説する）．

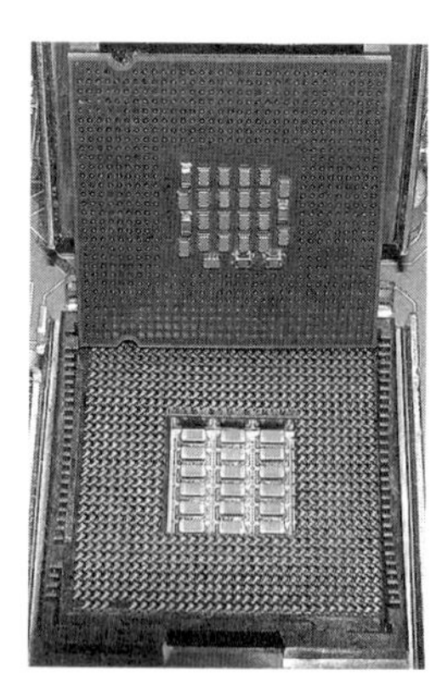
図1.2.1　CPU

CPUの性能を表す語として，クロック周波数という尺度がある．1秒間にどの程度の情報量の処理をこなすことができるかを表す言葉である．例えば，1秒間に約1000回の処理をこなすことができるならば1KHz（キロヘルツ）となる．前段で述べたビット幅（32ビットや64ビット）は，一度にどれだけの情報量を処理できるかを意味し，クロック周波数は処理速度を表すので，ビット幅とクロック周波数は異なる．例えるなら，ビット幅は管の太さを表し，クロック周波数は管を流れる情報量の速度を表す．現在では3 GHz〜4 GHz（ギガヘルツ）のクロック周波数のCPUが一般的であるが，以降で述べるようにCPUは複雑な機器であり，単にクロック周波数の高いものが高性能であるというわけではない．

過去には，搭載されているCPUのクロック周波数が高ければ高いほど，高性能なPCととらえられていたが，現在のCPUに対する考え方は異なる．CPUの高性能化を目指す，つまり，CPUのクロック周波数を上げることは，必然的にCPUのサイズを大きくすることにつながり，その結果，消費電力および発する熱量の上昇を引き起こす．これは致命的で，CPUは高温にさらされると回路自体の故障を起こすため，常に冷却する必要がある（図1.2.2：中央に見える丸く黒いプロペラのようなものがCPUを冷やすための冷却ファン．CPUはこのファンの下に設置されており，CPUが設置されている基盤をマザーボードと言う）．このため，熱量の上昇が冷却のための電力消費を増大させてしまう結果となる．加えて，クロック周波数を一定程度以上に上げても，処理した結果を他の機器に伝送する速度を上げることができなければ，ユーザーに処理した結果を提示することができないため，コンピュータを総合的な機構として考える場合，CPUのクロック周波数を上げただけでは単純に高性能化できないことがわかってきた．これゆえ，現在ではマルチコアという1つのCPU内に複数のプロセッサ（演算回路）を搭載したCPUが主流となっている．それぞれのプロセッサが単独で動作するので複数の作業も快適に動作するようになり，キャッシュ（次に解説する）のレベルで情報を共有することで，処理の効率を上げる仕組みが構築されている．

図 1.2.2　CPU を冷却するファンとマザーボード

キャッシュとは機器と機器の中間に存在する記憶領域であり，CPU内部に存在する．言わば，記憶装置の一種であり（1.2.4で詳しく述べる），CPU内部に記憶装置があるという意味では，5大装置の定義が崩れてしまうが，CPUと他機器との伝送速度をあげるために考えられた機構なので，例外的な記憶装置としてとらえられている．キャッシュは機器同士がデータをやり取りする際に，それらのデータを一時保管しておくような場所である．例えば，あるデータを参照したい場合，他の機器に保存されているデータを引き出す場合は，一定の時間がかかってしまう．もし，そのデータが間を挟むキャッシュに保管されているデータならば，機器に保存されているデータにアクセスせずとも，キャッシュからデータを引き出すので，時間がかからず効率的に処理をこなすことができる．キャッシュには1次キャッシュ，2次キャッシュというように段階が存在し，CPUの処理速度がいくら早くても，周辺機器とやり取りする速度も速くなければ，全体の機構として非効率であることから考え出された装置である．

1.2.2　入力装置

この装置は容易に想像しやすい．キーボードやマウス等，PCに何らかの命令を入力するための装置である．これら以外にもノート型PCで使用されるタッチパッド，タブレットのような手をタッチして使用するディスプレイ（タッチパネル），種々のスキャナ（フラット・ベッド・スキャナやフィルム・スキャナ，OCR等[1]）も入力装置であり，スキャナは出力装置であるプリンタと機能が一体化した製品もある．キーボードからの入力方法については後に詳細に解説する．

1.2.3　出力装置

出力装置は，入力装置とは対照的な装置であり，PCの処理の結果を表示する（出力する）役割をもつ．つまり，映像を出力するディスプレイや画面を印刷するプリンタ，音を出力するスピーカー等を指す．ディスプレイは1990年代前半ころまではブラウン管を用いたCRTディスプレイが主流であったが，技術の進歩によって，90年代後半からは現在主流となっている液晶ディスプレイが用いられるようになった[2]．また，アスペクト比（ディスプレイ画面の長辺と短辺の長さの比：実際的には横と縦の長さの比）はCRTディスプレイの時代は4：3であったが，現在では16：9が主流である．テレビ映像で両サイドが切れて黒くなっているものがあるが，アスペクト比16：9のディスプレイ画面でアスペクト比4：3で制作された映像を見ているからである．

ディスプレイ画面は画素という無数の小さな点（pixel：ピクセル）が発光して画面上に表示する．このため，画素数が多ければ多いほど画質が繊細になり，よりはっきりきれいな画像や映像を表示できる．画素数は技術が進歩するにつれて変化してきていて，1990年代のディスプレイでは800×600（SVGA：数字は横×縦のピクセル数）であったが，その後1024×768（XGA：アスペクト比は4:3）になり，アスペクト比が現在の16：9になってからは1920×1080（Full-HD：フルハイビジョン），新しい4Kディスプレイでは3840×2160（Quad Full-HD）と増える傾向にある．ただし，4Kディスプレイは画面サイズが大きくなることに対しての技術革新であるので，画面サイズがそれほど大きくない製品では4Kディスプレイは文字が小さくなってしまう等，実用性に問題がある場合がある．また，最近では8K（7680×4320）の次世代の映像技術も出現している．

ディスプレイで色を表すには，RGB（Red，Green，Blue：光の3原色）の光を，それぞれの強度に応じて混ぜ合わせる．赤，緑，青の3色の光を各色256段階の強度に分け，重ねることですべての色を作り出す（赤256×緑256×青256＝16777216色）ので，より繊細な色を作り出すことが可能である．赤，緑，青それぞれの光の強度を最大で混ぜ合わせると白色となり，最小にすると黒色となる．このように言われても，即座に実感できない方は，天体の太陽とブラックホールをイメージすると何となくわかるかもしれない．太陽光を白色光と言い換えることがあるのは，いろいろな色がほぼ均一に混ざっているからであり，ブラックホールは光が最小（ゼロ：光ですら脱出できない）のため，ブラック（黒）と言う．光が最小とはゼロ，つまり，各色の光が発光しないことを

---

[1] フラット・ベッド・スキャナは紙等をかざして画像として取り込む一般的なスキャナを指し，フィルム・スキャナは写真のネガ等のデータを取り込むスキャナ，OCRは手書きの文字等を読み取り，活字変換するスキャナ．

[2] ディスプレイの大きさはインチ（inch）で表すが，ディスプレイ画面の対角線の長さを表す．

意味する．ディスプレイの場合，発光しない時に黒色になるためにはディスプレイの色が初めから黒色でなければならない．このため，ディスプレイの画面は黒である（すべてのディスプレイは電源が入っていない時は黒色である）．

プリンタもディスプレイと同様に使用頻度が高い出力装置である．主に，インクジェット方式とレーザー方式があり，インクジェット方式はインクを紙に吹き付けることによって，一方，レーザー方式はインクトナーを紙に定着させることによって紙面に印刷する．前者は色の再現性は高いが耐水性に問題がある，後者は耐水性には優れるが，色の再現性はインクジェット方式に劣る等のメリットやデメリットがそれぞれある．述べたように，ディスプレイではRGB（Red：赤，Green：緑，Blue：青）の光の３原色の組み合わせで多種多様の色を表現するが，プリンタで紙に印刷する場合は色の３原色のCMY（Cyan：シアン，Magenta：マゼンタ，Yellow：イエロー）の組み合わせで表現する．それぞれのインク量の強弱で色を表現し，原理的にはこれらすべての色を最大の強度で混ぜ合わせると黒になるが，実際的には技術的な面で，はっきりとした黒にならないことや，黒を表現する際にインクを最大量使用しなければならないコスト面の問題から，CMYに加えて黒のインクを別に用意したプリンタが主流である．また，淡い色はインク量を弱めて表現するために濃い色に比べて印刷物に塗布されるインク量が異なり，印刷面の違和感が生じてしまう．これに対応するために，近年では淡い色をさらに別に加え，CMYの３色に，ブラック，ライトシアン（淡いシアン），ライトマゼンタの計６色のインクを用いるプリンタが一般的である．

1.2.4 記憶装置

記憶装置はデータの保持および保存を受け持つ装置であり，大きく主記憶装置と補助記憶装置に分けられる．

・主記憶装置

主記憶装置はコンピュータ内にある装置であり，RAM（Random Access Memory）とROM（Read Only Memory）の２種類がある．RAMは一般的にメモリと呼ばれる記憶装置であり，PCの電源が入っている時のみ動作する記憶装置である（図1.2.3：4GB（ギガバイト）のRAM基盤．これをマザーボードに設置されているスロットに差し込むことで使用する．G（ギガ）の意味は２章２節で解説する）．PCを用いてさまざまな作業を行う際，その作業状況を保持しておく機器である．例えば，PCのソフトを用いて何らかの文章を打ち込む作業をする場合，入力した文字をディスプレイに反映させなければならない．その都度変更される作業内容を，コンピュータ内に保持しておく役割をもつのがRAMである．「名前を付けて保存」でファイルとして保存する作業は，RAMに保持している内容を補助記憶装置（後述する）へ保存する作業である．この装置は電源がONの時のみ動作する記憶装置であることから，揮発性メモリ（電源がOFFの時は作動しないので，揮発して（なくなって）しまう）と

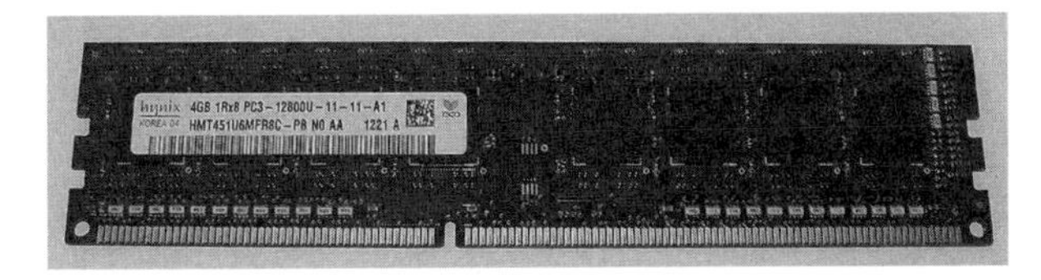

図1.2.3 RAM

言い，記憶したデータを読み取ることも新たにデータを書き込むことも可能な記憶装置である．32ビットのPCは2^{32}の情報量分のRAMの領域に読み書き（アクセス）できるので，およそ4G（ギガ）バイトのメモリにアクセスできる（実際にはコンピュータのシステム容量の確保等でアクセスできるのは4Gバイトより少ない）．しかし，逆に言えば，32ビットのPCでは4ギガバイト以上のメモリ容量を持っていてもそれらにアクセスできないこととなる．これゆえ，それ以上のRAMの領域にアクセス可能な64ビットPCが，近年発売され始めている．

ROMという装置はその名前の通り，読み取り専用（Read Only）のメモリである．このメモリにはPCにおける極めて重要な情報が保存されていて，基本的にそれらの情報を書き換えることができない．ROMに書き込まれている代表的な情報の1つにBIOS（Basic Input/Output System）がある．PCを起動した時に最初に動作するのはOS（Operation System：本書ではWindows 10にあたる）だと思うかもしれないが，実際にはOSが起動する前に，BIOSと呼ばれるPCを動作させる最低限のプログラムが起動する．BIOSはPCの起動時に，このPCにはどんな機器が接続されているか等をチェックする役割を担っているため，なくてはならない重要なプログラムである[3]．これゆえ，ROMは不揮発性メモリであり，電源がOFFになった時でもその情報は失われないようになっている．

・補助記憶装置

PCに電源が入っている時に重要な役割を果たす主記憶装置に対して，補助記憶装置はPCに電源が入っていない時に有用な記憶装置である．つまり，PCで作業した際の記録物（ファイル等）を電力がなくても保存しておく役割を担っている．実際にはハードディスク（HDD）やリムーバブル（removable：取り外しができる）記憶装置のことを指す．ハードディスクにはPC本体に内蔵して用いるタイプ（図1.2.4）とPCの外部からケーブルで接続して用いるリムーバブルタイプのものがある．内蔵タイプのものは他機器との接続規格（IDEやSATAと呼ばれる）が優れていて，データ転送量が大きくてかつ早いという長所があるが，内蔵されているので持ち運ぶことはできない．一方，外付けタイプのハードディスクは持ち運べるという長所があるが，転送速度については内蔵されているものに比べると劣る[4]．ハードディスクは磁気ディスクという磁性を利用して情報を記録する装置であるため，磁気を外部から受けることに弱く，加えて，磁気ヘッドという極小の装置で情報を読み書きするため，磁気ヘッドが正常な動作ができなくなるような強い衝撃が与えられると故障してしまうという欠点を持つ．機器の精密さに加え，磁性は長期

図1.2.4　内蔵型ハードディスク

---

[3] 電源を入れた直後に F2 キーあるいは Delete キーを押すとBIOSの設定画面が現れる．

[4] 外部機器との接続規格であるUSB3.0という規格を用いると，理論上は内蔵型HDDに匹敵する転送速度を得られる（USB3.0はコネクタ部分が青，あるいは黒でもSSという文字が入っている）．

間保持できないため，ハードディスクの寿命は数年から十数年程度である．これとは別に，近年ではFlash SSD（Solid State Drive）というフラッシュメモリと同様の構造を持った機器もあり，内臓型の補助記憶装置としては，ハードディスクより転送速度や発熱量等の面で優れる．

リムーバブル記憶装置には多くの種類がある，代表的な機器名を，表1.2.1[5]に挙げる（1つの機器でも規格や記憶容量等が異なる製品が存在する．表中の数字は代表的な値である）．記憶容量（情報量）に関しては2章で解説する．

表1.2.1 ディスクの種類と記憶容量

装 置 名	記 憶 容 量	主な使用時期
8インチフロッピーディスク（FDディスク）	400Kb	1970年代
5.25インチフロッピーディスク	1.2Mb	1980年代
3.5インチフロッピーディスク	1.4Mb	1980年代
光磁気ディスク（MOディスク）	640Mb	1990年代
CD，CD-R，CD-RW	700Mb	2000年代～
DVD，DVD-R，DVD-RW	4.7Gb	2000年代～
USBメモリ	数十Mb～Tb（テラバイト）レベルまで	2000年代～
SDメモリーカード	数十Mb～Tb（テラバイト）レベルまで	2000年代～
BD，BD-R，BD-RW	1層25Gb，2層50Gb	2010年代～

現在，主に使用される記憶媒体は表中にある下の5つである（CD，DVD，USBメモリ，SDメモリーカード，BD）．CD，DVD，BDは，一般的に商用販売やレンタル等で使用される，既にデータが記録されているメディアを指す．末尾にRがついたメディアは1度だけデータを書き込み可能，RWは複数回書き込み可能（データの書き直しができる）を意味する．CDはCompact Discの略称，DVDはそれ自体が正式名称だが，Digital Versatile Discが語源，BDはBlu-ray Discの略称である（Blueではない）．CD-R（RW），DVD-R（RW），BD-R（RW）はそれぞれ記録できる容量は異なるが，すべて光ディスク（光の反射を利用して情報の読み書きを行う）の記憶媒体である．一方，USBメモリとSDメモリーカードも同じように記憶容量や機器の形状の違いはあるが，フラッシュメモリと言い，電荷の保持を利用して情報の読み書きを行う記憶媒体である．保管の仕方にも左右されるが，一般的に光ディスクの寿命は10年から100年程度であると言われ，フラッシュメモリは読み書きの回数に制限があるため，読み書きする頻度によっては数年で使えなくなってしまう場合もある．これゆえ，どの記憶媒体も実際的には半永久的な記憶媒体であるとは言えない．

[5] 1970年代から挙げなくても良いと感じたが，もし，自らが古いメディアを見つけた時，そして，重要なデータが入っているかもしれない場合，どうするかを考える一助となればと考えたからである．

1.3 コンピュータのソフトウェア

コンピュータは前節で解説した機械（ハードウェア）に加え，機械を動かすプログラム（ソフトウェア）がなければ機能しない．したがって，ソフトウェアもハードウェアと並んでコンピュータには必須のものである．ソフトウェアは大別すると，ハードウェアを制御することを目的としたシステムソフトウェア（基本ソフトウェア）と，文書作成や画像の編集等，ある作業をすることに特化したアプリケーションソフトウェアに分けることができる．

1.3.1 システムソフトウェア

われわれにとって最も馴染み深いシステムソフトウェアは OS（Operating System）である．本書で解説する Windows 10 がそれにあたり，コンピュータを操作するための最も基本的なソフトウェアである．Windows PC では MS-DOS，Windows 95 に始まり，現在使用されている OS は Windows Vista，Windows 7，Windows 8，Windows 10 である．Apple 社 PC の Mac OS やオープンソース（プログラムの内容がすべて公開されている）の Free BSD 等も OS である．最近では PC だけではなく，スマートフォンを操作する Android や iOS も OS として利用されている．

コンピュータに接続されているさまざまな機器を制御するためのデバイスドライバも OS の一部としてみなされる．デバイスドライバとは PC とプリンタ等の機器の相互の通信がうまくいくように，機器を制御するための手順を決めるソフトウェア（インターフェース）である．OS にはあらかじめ汎用性のあるデバイスドライバが用意されているが，それらが適当でない場合もあり，新たにその機器専用のデバイスドライバをインストール（PC の補助記憶装置に記録する作業）しなければならない場合もある．

1.3.2 アプリケーションソフトウェア

コンピュータにおいて，特定の作業をするためのソフトウェアである．具体的には，本書で解説する文書作成や表計算，プレゼンテーション用スライド作成等のためのソフトウェアを指す．アプリケーションソフトウェアは本書では説明しきれないほどの種類があるが，大きく２種類に分けられる．１つは企業等で特定の業務に使用するための応用ソフトウェアと言われるものである．身近な例で言えば，図書館における図書検索のためのソフトウェアや病院のデータ（カルテ）共有システムに用いられるような特別なソフトウェアのことを指す．もう１つは，われわれ一般ユーザーが容易に取得でき，かつ利用できる汎用ソフトウェアと言われるものである．本書で解説する文書作成の Word や表計算の Excel はもちろん，画像を見るためのソフトや動画を再生するためのソフトも汎用ソフトウェアである．PC で一般的ユーザーが使用するソフトウェアの多くは，システムソフトウェアと汎用ソフトウェアであり，次節では代表的な汎用ソフトウェアとそれに関する知識を解説する．

1.4 代表的なアプリケーションソフトウェア

ソフトウェアへの理解を深めるには，拡張子を知る必要がある．なぜならソフトウェアと拡張子は切り離すことのできない関係があるからである．Windows PC のファイルには，名前を付けて（ファイル名），続いてドットの後に拡張子という記号を付けなければならない決まりがあり，ソフトウェアによって扱うことのできる拡張子のファイルは異なる．つまり，拡張子の記号が，そのファイルがどのソフトウェアで利用可能かを示している．例えば，本書で解説する文書作成ソフトウェアの Word 2016 の代表的な拡張子は「docx」である．拡張子がないファイルに対しては，何に属するデータかわからないので OS が「(アプリケーションが不明な）ファイル」として扱うことになる（図 1.4.1 の上にあるファイル）．Windows 10 をインストール（PC にアプリケーションを追加して，それを使用可能にする作業）直後は，拡張子を非表示（表示しない）となっているため，本書の学習のためには拡張子を表示するようにした方がよい．

図 1.4.1 ファイルの拡張子

1.4.1 拡張子を表示する方法

拡張子を表示する作業（ファイル名に拡張子が付く）は簡単な操作で可能である．フォルダをダブルクリックしてフォルダ内を開く（どのフォルダでも構わない）．フォルダ内上部の「表示」というタブの，右にある「ファイル名拡張子」の項目にチェックを入れる（図 1.4.2）とファイルの拡張子を表示することができる．

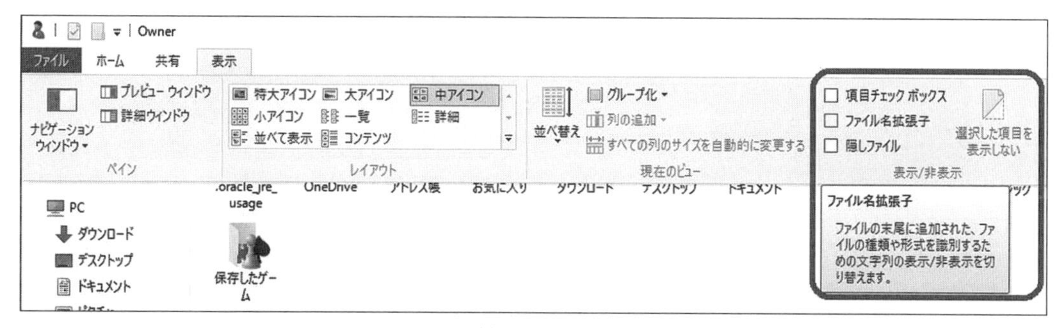

図 1.4.2 拡張子を表示する方法

以降ではソフトウェアについて説明する．ただし，特定のソフトウェアの操作方法ではなく，拡張子をキーワードとして，そのデジタルデータの知識を解説することを主な目的としたい．また，本書では Word，Excel および PowerPoint について後の章で解説するので，これらのソフトの拡張子については割愛したい．

1.4.2 画像ファイルを扱うソフトウェア

画像のデータは，ピクセル単位（画面上の小さい点）で細かな色をデジタル化するラスター画像と，線や面の集合体としてデジタル化するベクター（ベクトル）画像の2つのデータ形式に分けられる．前者のラスター画像については，デジタルカメラ等で撮影した画像があたる．ファイルの拡張子は，bmp（ビットマップファイル），jpg あるいは jpeg（ジェーペグ），gif（ジフ）等である．ラスター画像は繊細な色を表現できるため（1677 万色以上），色が複雑なデジタル写真等の記録に適している（図 1.4.3）．しかし，小さな色の点が集まって，画像全体を表現するため，画像を徐々に拡大すると構成する点が大きくなり，ギザギザに表示されてしまうといった短所がある（図 1.4.4）．

図 1.4.3　ラスター画像

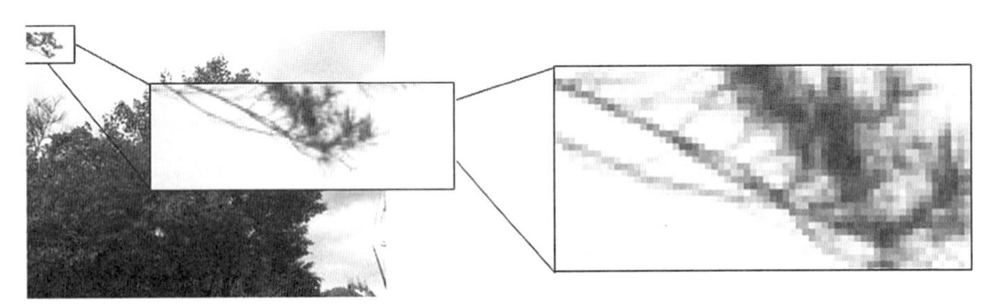

図 1.4.4　拡大による画質のぼやけ

拡張子が bmp の BMP 形式の画像はピクセル1つ1つの色の情報をそのまま保持するので，情報量が膨大になって扱いにくい（多量の画像データを保存できない）．これゆえ，現在では，画像の情報量をうまく工夫して減らした（圧縮という）jpg 形式の画像がよく用いられる．一方，拡張子が gif の形式の画像ファイルは 256 色なので，色の数は bmp 形式や jpg に比べて少ない．複雑な色を表現しなければならない写真等の記録には向いていないが，色の数が少ないイラスト等の記録に適し，情報量も少なくすむ．加えて，近年では拡張子が png（ピング）という新しい形式のファイルも開発され，色数は約 280 兆色，圧縮効率も高いためにインターネット上で使用されることが多い．ラスター画像のファイルを扱う代表的なソフトウェアは，本書で説明する Windows 10 付属の，画像ファイルを閲覧するビューワーや，編集を行うWindowsペイント，Adobe社のPhotoshop等がある．

ベクター画像はラスター画像とはまったく異なる方式で情報のデジタル化を行っている画像であり，イラスト，ポスター等の作成に向いている（図1.4.5）．ピクセル（細かな点の色情報）ではなくベクトル（例えば，どの方向にどれだけ線をひくかといった情報）で表現している．したがって，基本的にはベクター画像とラスター画像には相互の互換性がない．専門的になるため本書では深くはふれないが，ラスター画像とは異なり，画像を拡大・縮小しても画質の劣化が起こらない（ぼやけない），データ量が少ない等の長所がある．代表的な拡張子はaiであり，扱うことのできるソフトウェアはAdobe社のIllustrator等がある．

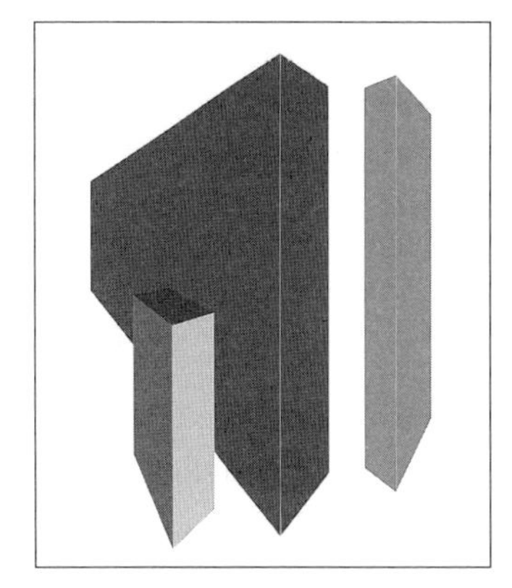

図1.4.5 ベクター画像

1.4.3 音声や音楽ファイルを扱うソフトウェア

音は様々な周波数があり，周波数の違いが音の高低を左右するので，周波数を細かく区切って数値化するサンプリングという手法で，音のアナログ情報をデジタル化する（PCMという）．この技術によって作られたデジタルデータの代表的なものが，商品として売られている様々な音楽CDである（CD-DA）．Windows 10に付属の音声録音も基本的にはこの技術に基づいていて，録音されるデータファイルの拡張子はwavである．しかし，これらは音質には優れているがデータ量が非常に多くなるので，携帯型の音楽プレイヤー（スマートフォン等含む）やインターネット上での使用には向かない．そこで，データ量を減らす（圧縮）技術が考えられ，wmaやmp3という拡張子の音声データが開発された．音声や音楽は各種プレイヤーで扱うことができ，Windows 10にはWindows Media Playerという標準で付属のソフトウェアを用いて，これらのファイルを再生，あるいはCD-DA形式のファイルをwma形式のファイルとして取り込むことが可能である．

1.4.4 映像ファイル（画像と音声）を扱うソフトウェア

映像ファイルを再生すると画面が動いて見える．これは画像を1秒間に24コマ（24枚の画像）や30コマ連続して表示することによって，あたかも動いているように見えるという仕組みで映像化している．紙の隅に書いた絵を，指で連続して次々と表示するパラパラ漫画のようなものと言えばわかりやすいかもしれない．これに音声ファイルを同調させて再生することによって映像とする．映像についても音声・音楽ファイルと同じような歴史があり，インターネットやメディア（ハードウェア）の発展と関連が深い．Windowsにおいては，古くはaviという拡張子の形式のファイルが標準であったが，データ量が大きくインターネット等で扱いづらいため[6]，データ量を減らす圧縮技術が開発され，例えば，地上デジタル放送やDVDで販売されている映像ファイルは

---

[6] 現在ではavi形式はコンテナファイル化しているために，同じaviファイルでもコーデック（どう圧縮するか）の種類によってインターネット上で扱えるファイルがある．

mpeg-2という方式を用いて圧縮されている（拡張子はmpg[7]）．この他にWindows特有の圧縮形式のwmvという拡張子の圧縮方式や，スマートフォン動画で用いられるmpeg-4形式（拡張子はmp4）など多種多様の形式のファイルがある．これらはラスター画像を利用したファイル形式である．一方，ベクター画像を用いた映像もあり，インターネット上の動画でよく用いられるフラッシュビデオがそれにあたる（拡張子はflv）．Windowsでmpeg-2形式やwmvを再生することができるソフトウェアは，音声や音楽を再生できるWindows Media Playerで可能である．フラッシュビデオを再生できるソフトウェアは，Adobe社がその形式のファイルを開発したため，同社のFlash Playerが有名であり，無料配布されている．

1.4.5　その他のファイルを扱うソフトウェア

上で述べたファイル形式以外で，重要だと思われるものもいくつか言及しておきたい．

pdf（Portable Document Format）という拡張子のファイルをよく見かける．このファイルは電子文書の規格としてAdobe社が開発した技術のデータであり，PCの環境に左右されることなく，作成した文書のレイアウトを再現できるという利点を持つため，インターネット上での文書の公開等に用いられる．このファイルを閲覧するためにはAdobe Acrobat Readerというソフトウェアが必要であるが，無料で公開されている．また，本書で解説するOffice 2016にはpdfファイルを作成するための機能がある．

あまり見かけることはないかもしれないが，txtという拡張子のファイルも重要なファイルである．テキストファイルと言い，E-mailのデータ等がこれにあたる．テキストファイルはコンピュータにおける最も簡単なデータの1つであり，単純な文字や数字の情報からのみなるデータである（レイアウトや文字の大きさ等の情報は入らない）．このため，多くのソフトウェアでファイルを閲覧することが可能で互換性も高い（例えば，WindowsでもMacintoshでも閲覧可能である）．また，本書で解説する文書作成ソフトMicrosoft Wordはバージョンアップ等の変化を経てきているが，テキストファイルは文書情報として唯一変化していないデータ形式（例えば20年前と変わらない）なので，文書データのみ（レイアウト等デザインの要素を除く）ならば長期保存に向いている．

1.5　コンピュータシステム

コンピュータの誕生によってわれわれの生活は大きく変化してきている．それは，コンピュータを取り入れたシステム（コンピュータシステム）が大きな役割を果たしているからである．ここでは，コンピュータシステムの有用性やシステムを作るための言語を紹介する．

[7] mpeg-1とmpeg-2形式があるが，どちらも拡張子はmpgとなっている．また，vobという拡張子のコンテナファイルにデータが格納されている場合もある．

1.5.1 コンピュータシステムの有用性

現代社会において，コンピュータシステムがある場合とない場合で，状況は大きく変わる．例えば，コンビニエンスストアと言われる24時間営業の小売店は，POSと呼ばれるシステムを用い，販売した商品のデータ等を会計時にデータセンターに送信することで，何が売れているのか，どういった時間に売れるのか，複数の商品が売れた場合の組み合わせは何が多いのか等の情報を収集し，ビジネス戦略に役立てている．対して，POSシステムがないとすると，販売店は売れた商品を集計して売れた商品の補充を行うために発注を出す．それでは，販売した商品の時間，商品の組み合わせ，曜日，天候，購買した客層等の情報まで収集してデータ化することは難しい．もし，それを人の手だけでやろうとすれば，莫大なコストがかかってしまう．コンピュータシステムは，利便性はもちろんのこと，ビジネス面やコスト面においても大きな役割を果たしている．

1.5.2 システムを作るための言語

システムソフトウェアやアプリケーションソフトウェアは，ソフトウェアを作成する専用の言語を用いて作成される．プログラミング言語と呼び，ソフトウェアを作成するために必須である．1900年代半ば頃（PCが開発される黎明期）のプログラミング言語は，マシン語（機械語）というコンピュータが直接理解できる2進数の言語（0と1のみで記述しなければならない）であったが，その一部を記号化したアセンブリ言語という言語が開発され[8]，続いて，現在のソフトウェア開発で用いる高水準（高級）言語と呼ぶ言語が数多く開発された．代表的な高級言語を挙げると，システム開発でよく用いられるC言語，C++言語，Windows PCのアプリケーションソフトウェア開発ではVisual Basic，携帯電話のソフトウェア開発ではJava，インターネットに関連するソフトウェア開発ではPHPやJavaScriptといった言語等があり，それぞれの用途に応じた言語がある．

[8] マシン語とアセンブリ言語は低水準（低級）言語と呼ばれている．

第2章
コンピュータが扱う情報

本章ではコンピュータが扱う情報の本質について考えてみたい．あわせて，情報量の単位やコンピュータ特有の問題点についてもふれる．

2.1 情報の識別

コンピュータは，文字，画像，映像等さまざまな情報の処理を行うことができる．コンピュータがどのように情報を識別しているかを，わかりやすく説明する．

2.1.1 コンピュータが処理できる情報

コンピュータのエネルギー源は電気なので，電気が通る・通らない（スイッチを入れる・入れない），もしくは電圧が高い・低いということのみで情報を区別するしかない．つまり yes か no である．例えば，スイッチで考えてみると，電気が通っている状態と通っていない状態の２種類の状態を作り出すことができる．このスイッチ２つをつなげてみる．片方のスイッチが入る・入らない，もう一方のスイッチが入る・入らないというように，今度は４種類の状態を作り出すことができる．スイッチを何個もつなげるならば，２×２×２×・・・・・の状態を作り出すことができる．もちろん，実際のコンピュータの回路では，もっと複雑であるが，簡単に言えばこのような原理である．スイッチが８個あり，OFF の状態を０として，ON の状態を１とすれば，すべてのスイッチが ON の状態は 11111111 となる．何となくわかると思うが，０と１よりのみからなる２進数となる．これゆえ，コンピュータの情報の識別は２進数を用いている，というよりも用いなければいけない，というほうが正確な表現である．

2.1.2 ２進数の情報

２進数は０と１からのみなる．これに対して，われわれが普段の生活において使っているのは 10 進数である．10 になったら桁が次に進む（２桁になる）ので 10 進数という．しかし２進数では２になったら桁が上がるため，０，１，２ではなく，０，１，10 となる．つまり２以降の数字は存在しない．２進数の最初の部分をまとめると表 2.1.1 のようになる．

表 2.1.1　２進数と 10 進数の対応表

10 進数	0	1	2	3	4	5	6	7	8	9	10
２進数	0	1	10	11	100	101	110	111	1000	1001	1010

コンピュータの分野では1つのスイッチで作り出すことのできる状態，つまり0あるいは1，別の言葉でいうならばyesあるいはnoかを1bit（ビット：binary digit）という．これが電気をエネルギー源として使用する場合の，最小限の情報量となる．

2.1.3　2進数による情報識別

第1章のソフトウェアの項（1.4）で解説したように，コンピュータが処理する情報は，文字，色，音等さまざまな種類がある．これに対して，電気でできることは，電気が通るか通らないといった状態を作り出すことである．例えば，1つのスイッチで文字を識別する場合はAとBの2つのみとなる．これ以上の文字を識別するとなると，スイッチを多くつなげるしか方法がないため，8個のスイッチを用意して，$2^8=256$通りの情報で欧文文字（半角文字）を識別することとした(ASCIIコードと呼ぶ)[1]．コンピュータが開発された初期の頃は，文字をどう処理するかが重要であったため，文字の最小限の情報量にあたる8個のスイッチがある状態，つまり1ビットの情報が8つある2^8の情報を，1bit×8=1byte（バイト）と呼び，基準とした．このように，コンピュータはすべて2進数の情報で認識していて，実際，大文字の「A」という文字は，10進数の「65」番目の情報（2進数で言うならば，01000001）で識別される．

2.2　情報量の補助単位

1000mは1km（キロメートル）であり，1/1000mは1mm（ミリメートル）である．1kmのk（キロ），1mmのm（ミリ）を補助単位と言い，それぞれ10^3および10^{-3}を意味する．ここでは，コンピュータが扱う情報量の補助単位について述べる．

2.2.1　コンピュータが扱う情報の補助単位

コンピュータが扱う情報量にも補助単位がある．1KB（キロバイト）や1MB（メガバイト）というように用いるが，前節で述べたように，10進数ではなく2進数であることから，10進数で用いる補助単位をそのままあてはめると無理が生じる．厳密には，10進数の1000というようなキリのいい数字にはならないので，$2^{10}=1024$を1k（キロ）とする．便宜上1000=1k（キロ）として使用することもあるが，実際は若干のズレがある．補助単位をまとめると表2.2.1のとおりである．

PCを使う際，容量（情報量）を簡単に確認できる．例えば，PCの補助記憶装置であるハードディスクを調べてみると，補助記憶装置の容量が表示される（図2.2.1：総容量は450GB（ギガバイト）で空いている容量が423GB．名称がWindows8_OSとなっているのは，もともとWindows 8のOSのPCにWindows 10をインストールしたため）．

ファイル単位で容量を確認することも可能である．ファイルを選択して右クリックし，現れるリ

---

[1] 世界共通コードとして標準化されたコードはISOコードであるが，ISOコードはASCIIコードが原型である．また，文字の識別子は実質的には7ビットであり，日本語の漢字等はJIS規格によって16ビット（2byte）である．

表 2.2.1　情報量の補助単位と正確な情報量

記号	呼び方	10 進数での意味	PC における情報量	2 の何乗か
K	キロ（kilo）	10^3	1,024	10 乗
M	メガ（mega）	10^6	1,048,576	20 乗
G	ギガ（giga）	10^9	1,073,741,824	30 乗
T	テラ（tera）	10^{12}	1,099,511,627,776	40 乗
P	ペタ（peta）	10^{15}	1,125,899,906,842,624	50 乗
E	エクサ（exa）	10^{18}	1,152,921,504,606,846,976	60 乗
Z	ゼタ（zetta）	10^{21}	1,180,591,620,717,411,303,424	70 乗
Y	ヨタ（yotta）	10^{24}	1,208,925,819,614,629,174,706,176	80 乗

ストの最下部にある「プロパティ」をクリックする．すると，図 2.2.2 にあるダイアログが現れ，ファイルの種類や，プログラム（ソフトウェア：アプリケーション），ファイルの場所等の情報を確認できるようになっている．ダイアログの中には，「サイズ」と「ディスク上のサイズ」の項目があり，ファイル容量が表示される．「サイズ」は実質的な容量，「ディスク上のサイズ」はハード的な要素を加えた容量を示すが（ハードディスクはクラスタという区分で分けられていて，それをどの程度使用するか等に左右される），ファイル容量として確認可能である．フォルダに対しても，同じ方法で容量の確認ができる．

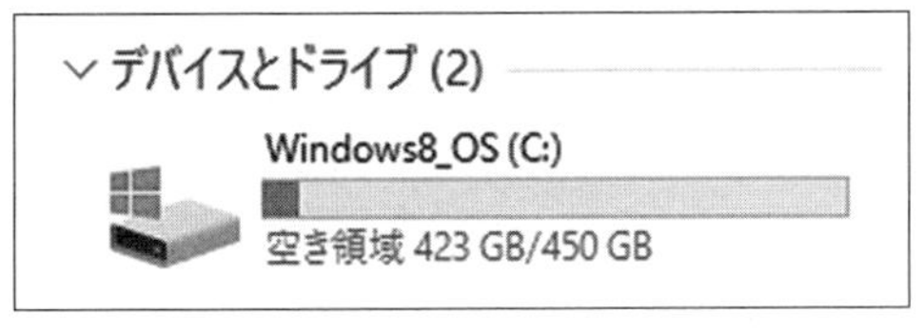

図 2.2.1　ハードディスクの容量

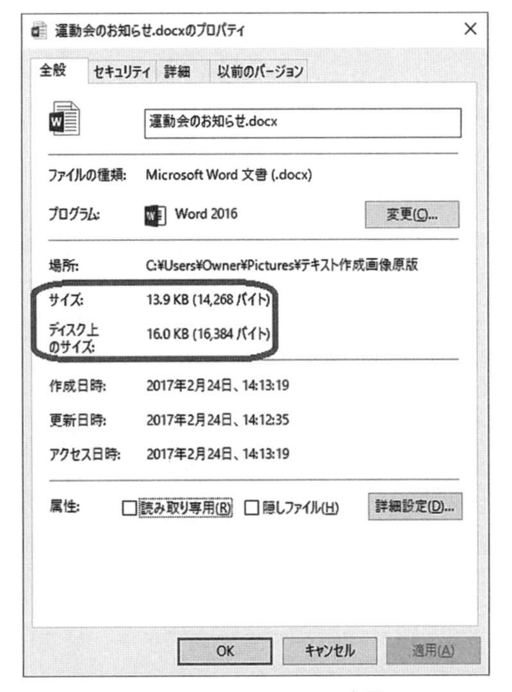

図 2.2.2　ファイルの容量

2.3 有限情報量に対する制約

コンピュータは機械の側面があるので，ハードウェア的制約がある．つまり，保持しておくことのできる情報量には限界がある．1GBの容量をもつ記憶装置に1GB以上の情報を記録できないことはもちろんだが，コンピュータで処理した結果が実際に影響を及ぼす場合もある．実際的な例を挙げて説明しよう．

2.3.1 誤差の発生

コンピュータが扱うことのできる情報は莫大な量だが，無限ではない．これゆえ，処理する情報が有限であるがゆえに生じる，コンピュータ特有の問題がある．例えば，人は1/3=0.33333……のように小数点以下3が無限に続くと認識するが，コンピュータが保持できる情報量は有限であるため，無限に3を保持できない．例えば表2.3.1を見ていただきたい．データが3つあり，偏差（各データから平均値をひいたもの）を算出し，それらを合計した結果の例である（計算には本書で解説するExcelを用いた）．

表2.3.1　誤差の発生

データ1	0.7	偏差1	0.233333333
データ2	0.3	偏差2	−0.166666667
データ3	0.4	偏差3	−0.066666667
平均値	0.46666667	偏差1～3の合計	1.11022E−16

偏差の合計は，数学的にどんな数値のデータであっても，0にならなければならないが，1.11022E−16（1.11022×10^{-16}）となっている[2]．非常に小さい値ではあるが0ではない．これが，コンピュータ特有の現象であり，2進数で情報を扱うということと有限量の情報しか保持できないことに起因する誤差が発生した例である．主に丸め誤差や情報落ち等といった現象によって発生してしまい，発生しない工夫をすることは可能だが，完全になくすことはできない．コンピュータを用いて処理を行う際には，すべてが正しい結果ではなく，コンピュータ特有の現象が発生することを常に念頭に置かなければならない．

2.3.2 オーバーフロー

述べた例以外にも，コンピュータの扱う情報量が有限であるゆえの現象がある．図2.3.1にあるような例で，オーバーフローという．扱うことのできる情報量をオーバーしてしまい，計算結果が

---

[2] 分数で計算するとわかる．平均値：$\frac{\frac{7}{10}+\frac{3}{10}+\frac{4}{10}}{3}=\frac{14}{30}$，偏差1：$\frac{21}{30}-\frac{14}{30}=\frac{7}{30}$，偏差2：$\frac{9}{30}-\frac{14}{30}=-\frac{5}{30}$，偏差3：$\frac{12}{30}-\frac{14}{30}=-\frac{2}{30}$，偏差の合計：$\frac{7}{30}+\frac{-5}{30}+\frac{-2}{30}=\frac{0}{30}=0$

おかしくなってしまうケースである．図 2.3.1 は階乗[3]の演算結果を表示するプログラム[4]であるが，12 の階乗までは正しい結果であるが，13 の階乗から演算結果がおかしい．これは定められた数の上限を超えてしまったために生じた現象である．

同じようなことは他にもあり，コンピュータが扱う経過時間についても，UNIX 系 PC（Windows は UNIX 系 PC に含まれる）では，ほとんどが 1970 年 1 月 1 日午前 0 時からの経過時間を，ミリ秒単位で 32 ビット分の情報量で記録しているため，32 ビット分の情報量がいっぱいになってオーバーフローしてしまう 2038 年にコンピュータが誤作動するのではないかと危惧されている．

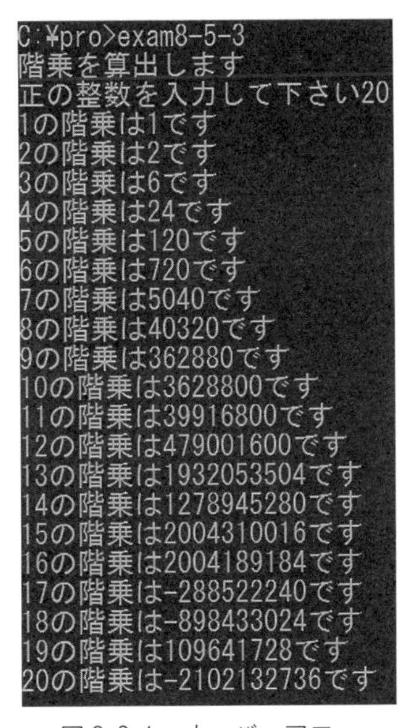

図 2.3.1　オーバーフロー

---

[3] 階乗とは n の階乗 $=n\times(n-1)\times(n-2)\times\cdot\cdot\cdot\times 2\times 1$ を意味する．3 の階乗 $=3\times 2\times 1=6$，5 の階乗 $=5\times 4\times 3\times 2\times 1=120$ となる．

[4] プログラミング言語の C 言語を用いて作成したプログラムである．

第3章

コンピュータによる情報通信

現在の情報通信は，主にコンピュータを利用した通信となっている．今から30年前，情報通信手段が手紙あるいは電話であり，情報源はテレビや新聞，本等であったことを考えると，現在の情報通信の形態は劇的に変化したと言える．本章では，コンピュータによる情報通信およびそれに関わるセキュリティに関して知っておいてほしい知識を解説する．

3.1 情報通信の歴史

人が何らかの情報を得ることは重要な意味を持つ．例えば，天気予報を見て外出する時に傘を持つ，広告を見て商品を購入する，これらはすべてそれに関する情報を得た上での行動である．人にとって情報を得ることは日常生活において必要不可欠の作業であり，その手段である情報通信の技術も大きく変わってきている．はじめに，情報通信の歴史からみてみよう．

3.1.1 コンピュータ出現前の情報通信

情報通信の歴史はかなり古くまで遡る．例えば，紀元前の古代ペルシャやローマでは街道に一定間隔で駅（宿場）を配置して，人や馬で情報を伝達した駅制があったと言われている．また，古代中国においても，この駅制が紀元前から存在していたようである．加えて，狼煙（煙を上げて合図をする）や伝書鳩（鳩の帰巣本能を利用して情報通信を行う）もかなり古くから存在していたことがわかっている．日本では，7世紀頃に上で述べた駅制と同じような仕組み（伝馬制（てんま））が作られ，鎌倉時代には飛脚が情報伝達を行ったと言われている．これらは人もしくは馬等を利用した情報通信であったが，近世の電気の発明によって通信手段は劇的に変化した．19世紀になると，モールス信号や電話が発明されたことにより，通信手段は主に電気通信に変わることとなった．

3.1.2 コンピュータによる情報通信

20世紀に入ってコンピュータが開発されたことにより，情報通信の形態はさらに大きく変化することとなった．大きく変化した点はデジタルデータ通信が可能になったことと，インターネットという特徴的な通信形態が確立されたことである．もちろん，現在の形態になるまでには，コンピュータの登場から何十年もの歳月を経ているが，情報通信にはコンピュータが大きな役割を果たしている．

3.2 コンピュータによる情報通信の変革

コンピュータの出現で，情報がデジタルデータ化（連続的なアナログデータを符号化（0と1）した情報）されるようになり，現在の情報通信はデジタルデータを用いるものが多い．例を挙げるならば，テレビ放送や電話，カーナビゲーションシステム等，多くの通信手段がデジタルデータ通信である．コンピュータがデジタルデータ化を生み出し，情報通信の形態は大きく変わったが，それ以上のインパクトをもたらした技術がインターネットである．

3.2.1 インターネットの出現

デジタルデータ通信は情報通信手段の大きな変化をもたらしたが，それ以上の影響を与えたものがある．それはインターネットである．インターネットによる情報通信が社会に大きな影響を及ぼしたことに異論を唱える人はいないだろう．コンピュータはインターネットの情報通信が確立される前より存在していたが（日本では1990年代初期にインターネットサービスが開始された），PCは専らスタンドアローン（インターネット等のコンピュータネットワーク（Network：網）につながっていない状態）で活用されていた．徐々にインターネットによる情報通信が普及したことにより，現在ではどこにいてもコンピュータ（PCやタブレット端末，携帯電話含む）を用いてさまざまな情報にアクセス可能になった．このような利便性はもちろんだが，新たな情報通信形態の構築という面においてもインターネットの功績は大きい．なぜなら，それまでのコンピュータ間の情報通信形態は集中管理システムという情報通信方式であったが，米国国防総省が主導したARPANETというシステムを前身としたインターネットの情報通信方式は，分散管理システムという形態だったからである．集中管理システムではすべてのクライアントPC（端末のPC）を制御するコンピュータ（サーバ）があり，接続する端末を一括管理する（図3.2.1）．この通信形態

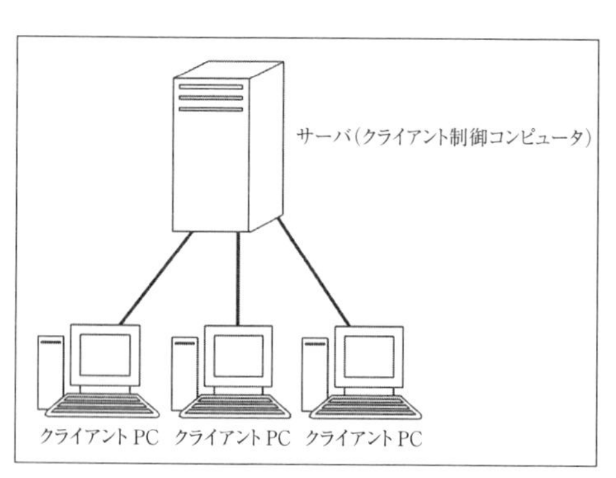

図3.2.1　集中管理型ネットワークシステム

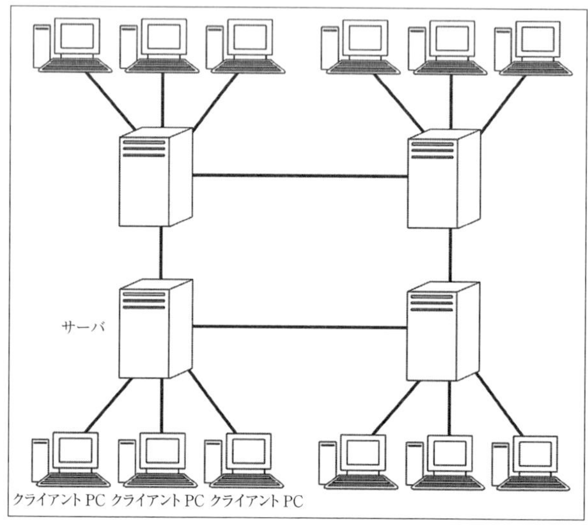

図3.2.2　分散管理型ネットワークシステム

では一括管理するコンピュータに不具合が起こると，それに接続するすべてのクライアントが通信機能不全に陥いる．これに対して，インターネットの基本設計は分散管理システムであり，多くのコンピュータを一元管理する形態を残しつつ，かつ複数のネットワーク管理サーバを置くことによって，1つのサーバコンピュータやネットワークが不慮の事故により接続不可になったとしても，すべてのネットワーク機能を失うことにはならないようになっている（図3.2.2）．すなわち，分散管理システムは1つのネットワーク管理コンピュータ（サーバ）がすべての通信網を管理することはなく，それぞれのサーバがクライアントを管理することによって，ネットワークの権限を分散させて，リスクに対して臨機応変に対応できるようにしたのである．コンピュータによる情報通信においてそれまで存在しなかった通信形態であり，インターネットがWeb（ウェブ：網）と呼ばれるのはこのためである．

3.3　現在の情報通信の長所と短所

デジタルデータ通信とインターネットが主となった現在の情報通信により，われわれは多くの利益を受けることができる．しかし，現在の情報通信であるがゆえの問題点も残念ながら存在する．

3.3.1　情報通信による利便性

・情報の取得

自らが望む情報を得ることが可能である．ニュース，天気予報，交通機関の情報等，多くの情報を自らが望む時に（オンデマンド）取得できる．

・機器の共有

インターネットの情報通信システムを基にLAN（Local Area Network）という通信形態が確立され，同じ機器を複数のコンピュータで使用することができる．例を挙げると，1台のプリンタを複数のPCで使えるというようなことである．ネットワークにつなげるならば機器のコスト削減につながる．

・情報通信手段の多様化

ある情報を誰かに知ってほしい場合，以前は手紙や電話等以外の通信手段が存在しなかった．しかし，コンピュータによる情報通信手段を用いるならば，E-mailや掲示板，チャット（Chat）等数多くの手段が存在するので，その選択肢は多岐にわたる．

・情報通信ソフトの利用

現在では，ツイッター（Twitter），ブログ（Weblogから始まった言葉でblogをとった），SNS（Social Networking Service）等特定の人同士で，情報を共有することが可能である．企業や組織内では，掲示板やE-mail，ファイル共有等の情報通信を可能にするソフト（グループウェア）を利用できる．これゆえ，情報を共有したい場合，離れた場所にいても素早く情報を共有できる．情報を共有するスピード，労力，コスト等すべてにわたって，現在の情報通信は利便性が増している．本書で解説する Office もネットワークの機能が付加されて，情報の共有という観点では，より有用になった．

3.3.2　情報通信による問題点

述べたような利便性がある一方で，デジタルデータ通信とインターネットが主となっている現在の情報通信特有の問題点も存在する．以下に主なものを挙げる．

・情報流出

現在では，電源が入っている時，そのコンピュータは常時ネットワークに接続可能な状態であることがほとんどである．これゆえ，情報の流出が起こる事例が報告されている．コンピュータウイルスという悪意のある特殊なプログラムによるもの，何らかの方法で，他者にパスワードを盗まれてしまう場合，これら以外にも，情報通信に関するセキュリティ対策を怠ってしまうことによる情報流出が起こるケースがある．

・情報格差（デジタル・デバイド）

情報を多く獲得できる人とそうでない人の間で，利益や不利益（格差）が生じることをいう．過去には，ブロードバンド（ADSL や光回線の情報通信ネットワーク網）のサービスを受けることのできる人と，できない人に対して（例えば離島に居住する人等）の意味合いが強かったが，現在では，情報機器の扱いに精通している人とそうでない人（例えば，若い人と高齢者等）の情報格差が問題となっており，それをどう埋めるかについて議論されている．

・情報通信ネットワークを利用した犯罪

情報通信ネットワーク網がインフラとなっている現在では，それを利用した犯罪も多く存在する．コンピュータのハッキング（乗っ取ること）やフィッシング詐欺等，インターネットを用いた犯罪が多く存在する．インターネットが普及したことによる犯罪であり，詳細は後述する．

3.4　インターネットを運用するためのルール

世界中を結ぶインターネットを実現するには，共通のルールが必要である．例えば，通信ケーブルをどういった規格にするか，電気信号の発信や受信の手順をどうするか等，細かなことですらルールがないと接続しようがない．このことから，1977 年に ISO（国際標準化機構）が OSI（Open Systems Interconnection：開放型システム間相互接続）参照モデルという情報通信の規格を策定した．これに基づき，情報通信に関する共通のルールが作られ，異なるメーカー製の機器やソフト間でも同一のネットワークを用いて情報通信が可能になった．以降では，インターネットを実現しているルールと技術を一部紹介する．

3.4.1 プロトコル

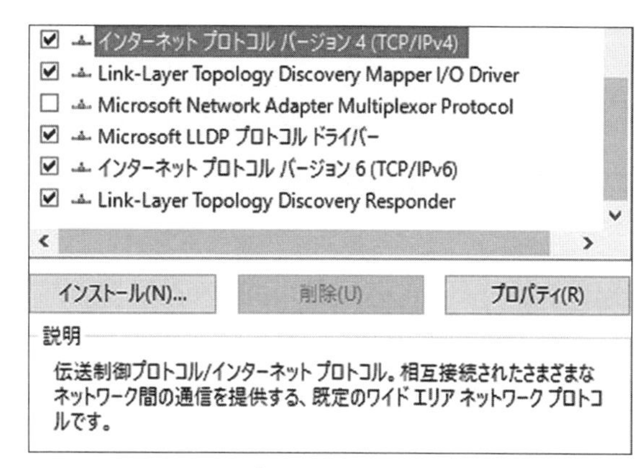

図 3.4.1 プロトコルの IPv4 と IPv6

インターネットにおいては，OSI 参照モデルに基づいて作られた TCP/IP という情報通信のためのルール（プロトコル：Protocol）がデファクトスタンダード（事実上の標準）となっている．TCP/IP は 4 段階（4 層）に分けられていて，このルールが，通信ケーブルをどういったものにするか，情報通信の際の電気信号をどうするか等を細かく定めている．コンピュータはこのルールに従っていなければインターネットに接続できない（図 3.4.1：コンピュータに TCP/IP が組み込まれていることを示す画面．ただし，画面下方にあるように同じ TCP/IP であっても IPv6 というバージョンもある）．

3.4.2 パケット

インターネットでは，情報量が多いデータを一度に送受信しようとすると，回線を占有してしまい混雑が生じる．したがって，データを送受信する際には，そのデータをパケットという細かな単位に区切って送受信する決まりになっている（図 3.4.2）．インターネットのサイトを閲覧する際に，初めはすべて表示されず，時間がたつにつれ徐々に表示されることがある．これはデータが細かに分かれて徐々に受信されていることを示している．

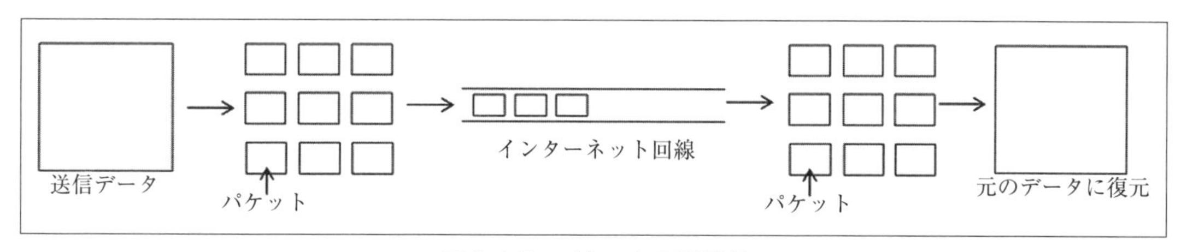

図 3.4.2 パケットの送受信

3.4.3 TCP

TCP（Transmission Control Protocol）はインターネット上の情報通信における重要なルールのひとつである．データをパケット化して送信することはすでに述べたが，送信途中でロス（欠落）してしまったり，一部壊れて受信される，あるいは送信した順番に届かないといった場合が頻繁に起こるので，「何番目に送信したパケットが送られていません」，「それではその番号のパケットを送ります」等といったやり取りを双方行い，確実にすべての情報を送受信するようになっている．この手順を応答確認という．

3.4.4　UDP

TCPは完璧に情報通信を行うためのルールだが，UDPはパケットが欠落してもそれほど問題ない情報通信に適用される．例えば，E-mailの内容に情報の欠落が起こると大変だが，インターネット上で動画を閲覧する際（ストリーミングと呼ばれる），画面上のある一部のデータにノイズが入っても全体的には問題が生じない．逆に，前述のTCPでやり取りしていると時間を費やしてしまい，ストリーミング動画は頻繁に止まってしまう可能性がある．このような場合には，応答確認を行わないUDPというルールで情報通信を行う．パケットの欠落を送信側と受信側双方確認することなく送受信を行う．

3.4.5　IPアドレス

郵便物に住所を記述するのと同じように，コンピュータによる情報通信においても住所が存在する．インターネット上の住所があり，その住所をIPアドレスという．2進数における4バイトの情報でインターネット上の場所を識別する（図3.4.3：コマンドプロンプトというソフトでipconfigという命令を打つと確認できる．図中のIPv4がIPアドレス：192.168.0.15）．ただし，インターネットのネットワーク網が世界的に普及するに従って，IPアドレスは近年枯渇してしまった．これゆえ，新しいIPv6という16バイトの情報で住所を識別できる体制への移行が進んでいる（図3.4.3においてもIPv6アドレスを確認できる）．

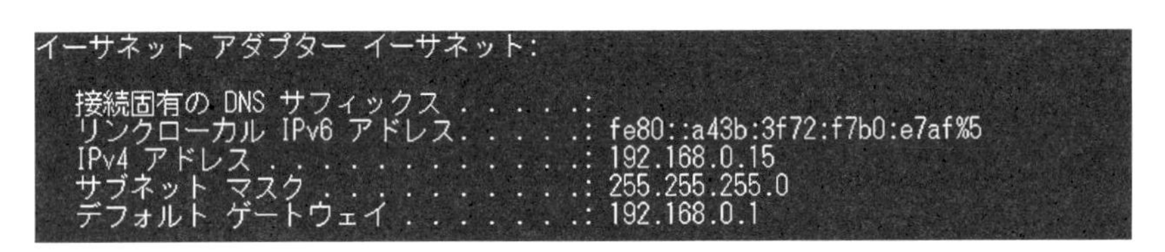

図3.4.3　IPアドレス

IPアドレスはインターネット上の住所なので，インターネット上におけるPCの場所を意味する．しかし，PCの場所が知られてしまうと，PCが攻撃されてしまう恐れがある．したがって，PCをインターネットに直接接続することを避け，別の機器（ルータと呼ばれる機器等）を介してPCを接続するのが一般的である．インターネット上の直接的な住所をグローバルIPアドレスといい，ルータとPCの間で使われる住所をプライベートIPアドレスという（図3.4.3の192.168.0.15はプライベートIPアドレス）．

3.4.6　DNS

IPアドレスはインターネット上の住所なので，本来ならば，IPアドレスを指定してインターネット上の位置を特定することになるが，数字のみからなる情報のため，人にはわかりづらい．これゆえ，わかりやすいようにIPアドレスの代わりにドメイン名（Domain Name）という名前で代替する方法をとる．この仕組みをDNS（Domain Name System）という．例えば，ブラウザ（インターネット上のサイトを閲覧するソフト：Internet ExplorerやFire Fox等のソフト）のアドレス入力欄に http://202.232.86.11 と入力すると，首相官邸のホームページが現れる．しかし，われわれに馴染みの深い首相官邸のサイトのアドレスは http://www.kantei.go.jp である．www.kantei.go.jp をドメイン名といい，首相官邸のコンピュータの住所である 202.232.86.11 の代わりの役割を受け持つ．ブラウザに http://www.kantei.go.jp と入力すると，DNS サーバというコンピュータにアクセスし，このドメイン名の IP アドレスを教えて下さいと照会して，IP アドレスの情報を得て首相官邸のホームページにアクセスできる仕組みが働いている．

ドメイン名には命名規則があり，大きく分けて分野別トップレベルドメイン（gTLD：generic Top Level Domain）と国コードトップレベルドメイン（ccTLD：country code TLD）の２つからなる．gTLD には誰でも使用可能な，末尾に「.com」や「.net」等の名前がつけられるものと，条件を満たせば使用可能な，末尾に「.edu」や「.gov」とつくものがある．これに対して，ccTLD は国や地域に基づいて決められる名前であり，末尾に jp（japan の意）をつけなければならず，大きく分けて汎用型，属性型，地域型 JP ドメインの３つがある．汎用型 JP ドメインは日本に住所があるならば誰でも使用できるドメイン名である（例：tokyo2020.jp，公益財団法人東京オリンピック・パラリンピック競技大会組織委員会）．一方，属性型 JP ドメインはその組織の種類に基づいたドメイン名であり（例：www.kantei.go.jp，首相官邸），例のようにドメイン名の go が government，すなわち政府機関という組織を意味する．これらに対し，地域型 JP ドメインは地域の名称が入っているドメイン名である（例：www.kotsu.metro.tokyo.jp，東京都交通局）．

3.4.7　HTTP

HTTP（Hyper Text Transfer Protocol）は，インターネットのサイトと通信するためのルールである．主にテキスト（文章）や画像等のデータ通信に関することを規定している．サイト URL（Uniform Resource Locator：サイトのアドレス）の先頭の単語にあたり，ブラウザのアドレス欄に http://www.kantei.go.jp と入力した時，www.kantei.go.jp はドメイン名（実質的には IP アドレスの代替住所）なので，この IP アドレスを持つコンピュータと HTTP というルールで通信せよ，と命令を出していることとなる．その結果，HP（ホームページ）のデータを受信してサイトを閲覧することが可能になる．アドレスの先頭が https://～となっている場合があるが，これは HTTP over SSL/TLS の略で，通信の際に情報を盗み取られないように，通信データを暗号化してやり取りする技術である．インターネット上で重要な情報（クレジットカード情報等）をやり取りする場合もあることから，開発された．

HP は HTML（Hyper Text Markup Language）や XML（Extensible Markup Language）等といった言語（プログラミング言語とは異なる）からなるデータであり，その実体はわれわれが実際に見るサイトの画面そのままではない（図 3.4.4：首相官邸の HP のデータの一部抜粋）．図 3.4.4 にあるようなデータが HP のデータの正体であり，これを HTTP というルールで通信を行い，ブラウザという，言わばフィルタ的なソフトを通して閲覧すると，一般的な HP の画面として表示される（図 3.4.4 の画面は Internet Explorer であれば，メニューバーにある「表示」の「ソース」で確認することができる）．

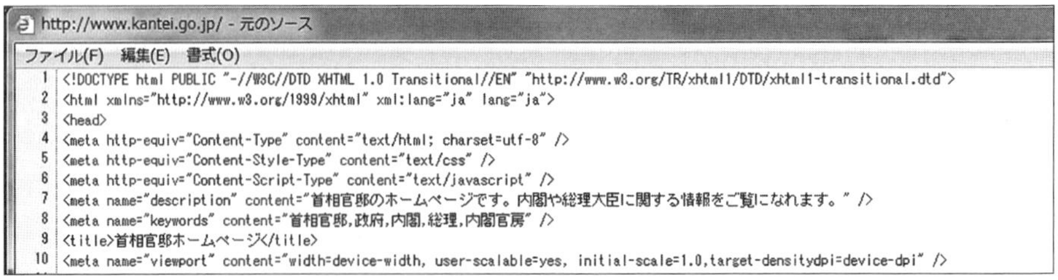

```
http://www.kantei.go.jp/ - 元のソース
ファイル(F)  編集(E)  書式(O)
1  <!DOCTYPE html PUBLIC "-//W3C//DTD XHTML 1.0 Transitional//EN" "http://www.w3.org/TR/xhtml1/DTD/xhtml1-transitional.dtd">
2  <html xmlns="http://www.w3.org/1999/xhtml" xml:lang="ja" lang="ja">
3  <head>
4  <meta http-equiv="Content-Type" content="text/html; charset=utf-8" />
5  <meta http-equiv="Content-Style-Type" content="text/css" />
6  <meta http-equiv="Content-Script-Type" content="text/javascript" />
7  <meta name="description" content="首相官邸のホームページです。内閣や総理大臣に関する情報をご覧になれます。" />
8  <meta name="keywords" content="首相官邸,政府,内閣,総理,内閣官房" />
9  <title>首相官邸ホームページ</title>
10 <meta name="viewport" content="width=device-width, user-scalable=yes, initial-scale=1.0,target-densitydpi=device-dpi" />
```

図3.4.4　HPのデータ

3.4.8　SMTPとPOP

SMTP（Simple Mail Transfer Protocol）とPOP（Post Office Protocol）はE-mailの送受信に関するルールであり，SMTPがメールの送信，POPは受信のルールである．これらに従って，コンピュータ間の正確なE-mailの情報通信が行われる．E-mailアドレスは，○○○○@ドメイン名であることから，送受信にはコンピュータの住所を意味するドメイン名が必要であることがわかる．@の記号の前の部分はユーザー名あるいはアカウント名といい，コンピュータ内の私書箱の名前と同じような意味をもつ．ドメイン名でインターネット上のコンピュータの住所を指定し，ユーザー名でコンピュータ内の場所を指定していることとなる．このことから，同じドメイン名をもつ数多くのE-mailアドレスが存在可能となる．ただし，近年ではインターネットのサイト上においてHTTPを用いて，E-mailの送受信を行うことも頻繁にあるため（Webmailという），すべてのE-mailがSMTPやPOPによって送受信が行われるわけではない．

3.4.9　これからのインターネット

インターネットがこれまでの情報通信形態を一変させたことは間違いない．また，携帯電話やタブレットPCの発達によって，ユビキタスネットワーク（どこにいても情報通信を行うことができる）も，山深い場所や，沖合の海上等一部を除いて，現在ほぼ実現できている状態にある．これからは，IoT（Internet of Things）の考え方に従って，PCの機能をもった機器だけではなく，あらゆる機器（自動車，業務用機器，家庭の電化製品等に至るまで）がインターネットに接続できる時代の到来がやってくる日も遠くないかもしれない．

本節で述べてきた事項は，インターネット上の情報通信において採用されているルールや技術のごく一部である．これ以外にも重要なものが数多くあるので，興味がある方は，より専門的な本で学習していただきたい．

3.5　情報セキュリティと犯罪

インターネットの普及が利便性をもたらしてきた一方で，いわば，光と影の，影にあたる部分も大きな問題となっている．実際，インターネットを利用した犯罪が増えている現実がある．コンピュータを利用するユーザーとして，このことを常に念頭におき，正しい対応策や犯罪に巻き込まれないような自衛策を持っておかなければならない．本節ではセキュリティや犯罪に関して覚えておくべき事項に言及したい.

3.5.1 サイバー犯罪

コンピュータの情報通信ネットワーク網を利用した犯罪全般をサイバー犯罪という. 図3.5.1は2000年からのサイバー犯罪の検挙数のグラフであるが[1], 2011年を除き, 年々増加していて, 2013年には過去最大の8113件を記録している. 増加傾向にあるのは, PCやインターネット, スマートフォンの普及が要因だと容易に予想できるが, このデータは検挙数であって犯罪件数ではない. 被害届が出されていない, かつ検挙されていないケースも含め, 潜在的にサイバー犯罪の実際の被害者は, 図3.5.1より多いことは, 誰でも想像がつくだろう.

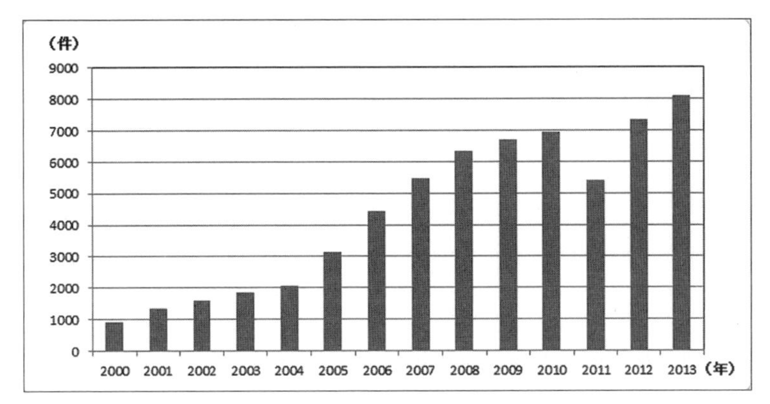

図3.5.1 サイバー犯罪検挙数の推移

サイバー犯罪は大きく3つに分けられ, 法律では, コンピュータおよび電磁的記録対象への犯罪, インターネット (情報通信ネットワーク) を利用した犯罪, 不正アクセス等の犯罪がある.

・コンピュータおよび電磁的記録対象への犯罪

コンピュータへの犯罪は (対象がコンピュータである), コンピュータそのもののデータを不正に改ざんする, 削除する等の行為を行うことである. 例えば, 金融機関に勤める人が自らの立場を利用して, 職場のコンピュータにアクセスして顧客の口座預金のデータを書き換えるといったような, コンピュータそのものに対して不正な行為を行う犯罪を意味する. 一方, 電磁的記録対象という言葉はわかりにくいが, コンピュータではなくても, データが記録されている媒体は多数存在するため (USBメモリ等のモバイル型の補助記憶装置やクレジットカード, 加えて携帯電話やその他電子マネーを扱うカード等), それらに対しても同様の行為を行うことである.

・インターネットを利用した犯罪

インターネットを利用した犯罪とは, 情報通信ネットワーク特有の利便性, すなわち匿名性や公

---

1 警察庁の公開データより作成した.

開性という特徴を悪用したものである．例を挙げるなら，掲示板等に違法薬物販売の広告を行う，インターネット上に品物を販売するサイトを開設しているが，掲示している情報と明らかに異なるものを送付して詐欺的なことをする，加えて，ネットオークションで代金の先払いを受けたが品物を送付しない，わいせつな画像を不特定多数の人に閲覧させる等の犯罪を指す．

これらの他にも，掲示板やSNSにおいて特定の人に対する侮辱や攻撃をすることや，ある事件や出来事の当事者を明らかにし，氏名や顔写真，直接的に関係のない当事者の家族や友人に至るまでインターネット上に情報を公開する事例が頻繁に起こっている．これは公開された人間に対する名誉棄損や侮辱，プライバシー権の侵害にあたる可能性がある．

・不正アクセス等の犯罪

不正アクセスとは，例えば，他者のIDとパスワードを何らかの方法で入手し，それを用いてコンピュータにアクセスすることをいう．結果，情報漏えいが生じた，金銭的な被害を受けたといった事例が起こっている．また，ネットワークを用いて不正アクセスしたPCを利用して（踏み台），他のPCに攻撃を行う犯罪もある．

3.5.2　サイバー犯罪の被害者にならないために

サイバー犯罪の被害者にならないために，日頃から以下のような自衛手段をとるべきである．

- PCにウイルス対策ソフトを導入する．
- 信頼のおけないサイトに，できるだけアクセスしない．
- 受信した身に覚えのないE-mailをむやみに開かない．
- パスワードを難解なものにして，管理することを心掛ける（パスワードの作成方法については，次に解説する）．
- OS等のアップデートを行い，常に最新のものにするようにする．

3.5.3　パスワードの作成方法

パスワードは簡単に類推されやすいものを避けて難解なものにするべきである．しかし，難解と言われてもどうすべきかわからないと思うので，パスワードの作成方法の例を紹介する．

・セキュリティレベル0（絶対にやってはいけない）

名前が山田なので→yamada，所属クラブが野球部なので→yakyuu等，簡単に類推されやすいものにしてはいけない．

・セキュリティレベル1（最低限考えてほしい）

夏野菜カレー→7tu8sa1ka0，歯科医になる→4ka1ni7ru等，パスワードに数字を必ず入れ込むようにする．

・セキュリティレベル2（なるべくここまで考えてほしい）

私は（watashiha），昨年（sakunen），情報の（jouhouno），教員免許を（kyouinmenkyowo），取得して（shutokusite），今年（kotoshi），採用試験に（saiyousikenni），合格した（goukakushita）．の文の各文節のローマ字の頭文字を取り出して，sa→3，go→5に変える．→w3jksk35．見た目上，

アルファベットの羅列から意味を読み取れず，ランダムな並びにする．

・セキュリティレベル3（できればこのレベルまで考えるのが理想的である）

セキュリティレベル2の文において，主語と動詞のみ大文字とする（「合格した」は数字の5としたので，変えないでおく）．→W3jkSk35．大文字小文字を組み合わせ，さらに難解にする．

3.5.4 サイバー犯罪の事例

細心の注意を払っていても，サイバー犯罪に巻き込まれてしまう場合がある．警察庁のサイトではよくある相談事例として以下が掲載されている．

・オークションで落札して代金を入金したが商品が届かず，相手と連絡が取れなくなった．
・インターネット上に自分の個人情報を掲載された．
・宣伝・広告のメールがたくさん届いて迷惑である．
・クリックしたら突然，料金請求画面が表示された．
・メール等で身に覚えのない料金を請求された．

以上のようなことに遭遇してしまった場合には，速やかに各都道府県警察のサイバー犯罪相談窓口に相談していただきたい．冷静に行動することが重要であり，これらの事態に対して，パニックにならないようにしてほしい．身に覚えのない料金を請求された場合には，決して料金を支払わず，しかるべきところに相談の上，対応すべきである．

3.5.5 サイバー犯罪の加害者にならないために

インターネットに安易に接していると，知らないうちに自らがサイバー犯罪の加害者になってしまう場合もある．以下に，過去に実際起こった事例を基に，注意すべき点を挙げる．

・インターネット上の掲示板やSNS，動画サイト等，自らが何らかの情報を載せる際には，その情報が人を誹謗中傷する等，社会通念上，誤った内容になっていないか注意する．

事例 他人を誹謗中傷する内容をインターネット上に書き込んだ，あるいは常識的に理解しがたい行動の様子をインターネット上に載せて，社会的制裁を受けた，もしくは検挙された事例がある．

・インターネット上に載せた情報が著作権を侵害する内容でないか考える．

事例 他者が制作したアニメや音楽等を，インターネット上に掲載して検挙された事例がある．

・インターネット上に載せた情報が，他人の個人情報の暴露になっていないか気をつける．

事例 有名人の行動の情報を暴露した，他人の個人情報を暴露して問題になった事例がある．このほか，他人の情報を自分のPCに保存していたため，ウイルス感染によって流出した事例がある．この場合，流出させたユーザーが加害者になる．

第4章

Windows 10 の操作方法

本章では，PC において最も基本的なソフトである OS の Windows 10 の操作について解説する．日本の全世帯における PC の普及率が 70%以上，携帯電話やスマートフォンの普及率は 90%を超える現在では，多くの人が PC に接した経験を持っていると思うので，どこをクリックすると何が起こるといった基本的操作は割愛する（感覚的にも操作可能で，わからなくてもインターネットで検索するとたやすく探せる）．Windows 10 は前バージョンのタッチタイプスタイル（画面をタッチして操作する）の Windows 8 と異なり，クラシックスタイル（主にマウスを用いて操作する：Windows 7 や Windows Vista 等）で操作できる．ここでは主にクラシックスタイルの操作を，以前の OS とも比較しながら解説する．加えて，基本的なソフトであるブラウザと E-mail に関する重要な事項についてもふれる．

4.1 Windows 10 の基本操作

PC を扱ってきた経験のある方は，Windows 10 も操作可能だと思うが，確認のために Windows 10 の基本操作を一通り説明する．

4.1.1 Windows 10 の操作

Windows 10 のデスクトップの画面を図 4.1.1 に示す．

図 4.1.1　Windows 10 のデスクトップ画面

Windows 8とは異なり，どちらかと言えばWindows 7に近い画面である．アイコンが並び，下部にはタスクバーがある．初期状態では左上方に個人用フォルダ（図4.1.1ではOwnerという名前のフォルダ），PC，ネットワーク，ごみ箱，コントロールパネルがある．「PC」は以前のバージョンのOSの「コンピュータ」あるいは「コンピューター」にあたるもので，開くと図4.1.2のような画面が現れ，個人用フォルダの中身の一覧と利用可能なデバイスとドライブ（補助記憶装置やDVDドライブ等）を確認することができる．

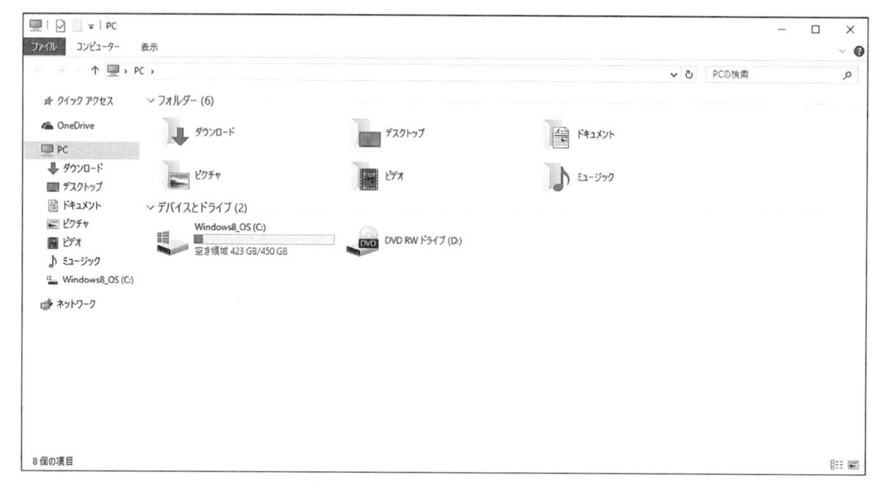

図4.1.2 PCにある項目

ごみ箱はこれまでと同様に，ローカルディスク（PCの補助記憶装置：リムーバルメディアではない）において，削除されたファイルやフォルダ等が一時的に入る．ネットワークではPCの情報通信環境の設定を行うことができ，コントロールパネルではPCの全般（ソフト，ハードウェアの全般）の設定を行うことができる（図4.1.3）．

図4.1.3 コントロールパネルにある項目

Windows 10では，Windows 8で廃止されたことがあるWindowsボタン（スタートボタン：タスクバーの左隅のWindowsのロゴマークをクリックする）があり，Windows 7やVista等と同じように操作することができる（図4.1.4）．これをクリックすると，PCにインストールされているソフトを呼び出すことができる「すべてのアプリ」（Windows 7等における「すべてのプログラム」にあたる）等を選択できる．右側の四角のパネルはWindows 8のOSで用いられていたタッチタイプ用のパネルになっており，Windows 10ではクラシックスタイルとタッチタイプスタイルの操作を併用できる．実際に，タスクバー右下の通知ボタンをクリック，タブレットモードをクリックすると（図4.1.5），タッチタイプスタイル専用モードにすることが可能である（図4.1.6）．

図4.1.4 Windowsボタン

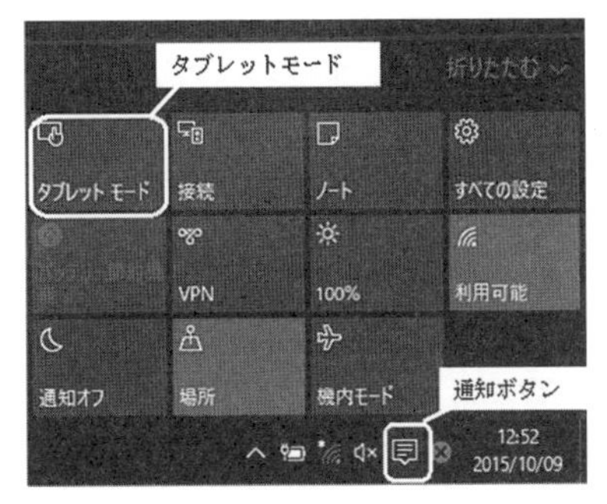

図4.1.5 通知ボタン

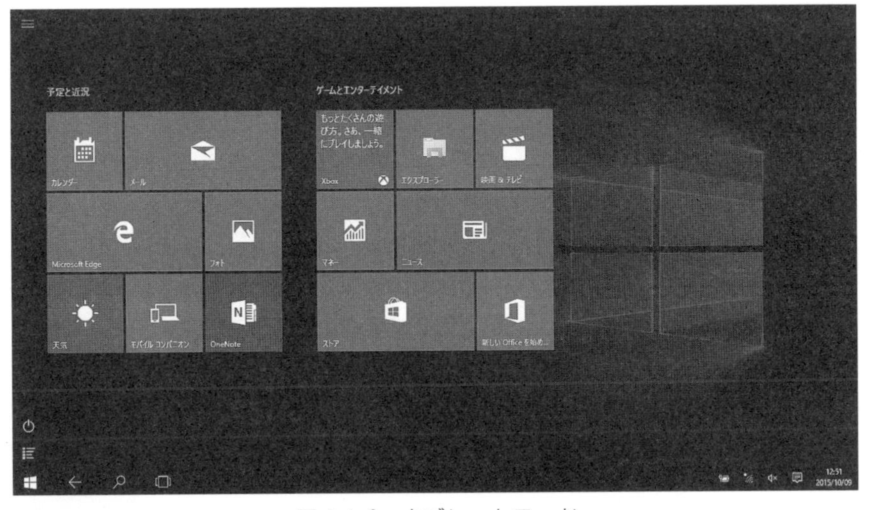

図4.1.6 タブレットモード

PCをインターネットに接続すると，インターネット上の情報を取得して，タブレットモードのパネルが変化する（図4.1.7）．これらのタブレットの並びはカスタマイズ可能で，タブレットの上で右クリックして，「スタート画面からピン留めを外す」を選ぶと削除可能である（図4.1.8）．また，新たなソフトを載せることも可能である．

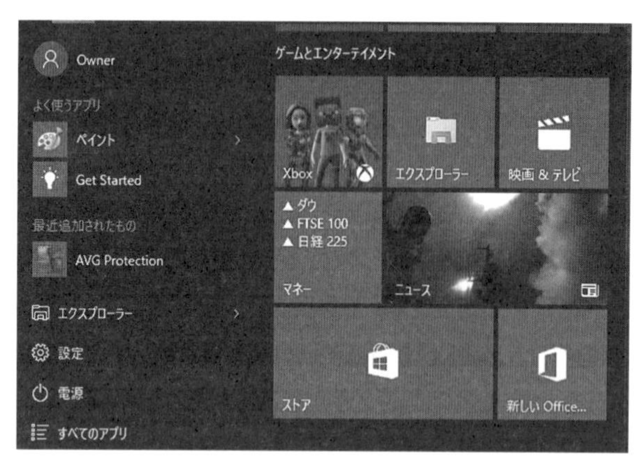

図4.1.7　タブレットパネルの変化

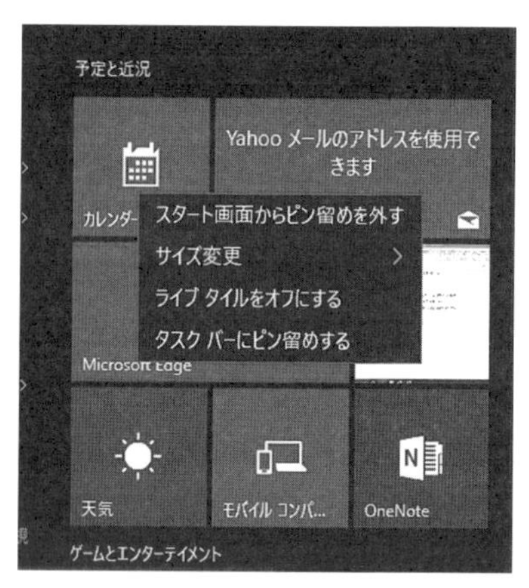

図4.1.8　タブレットパネルの設定

4.1.2　Windows 10の新機能

Windows 10では，新たにマルチタスク（多種の作業を同時にこなすこと）に柔軟に対応するための機能が加わった．仮想デスクトップという機能であり，同時に複数のデスクトップ画面を操作することができる（図4.1.9：タスクバーのタスクビューをクリックする）．Windows 10は，これまでのOSとは異なり，新機能が絶えず追加される（アップデート時）．これゆえ，マルチタスクの機能は，本書を書いた時点の新機能であることを断っておきたい．このことは，後の章で解説するOfficeについても同様である．

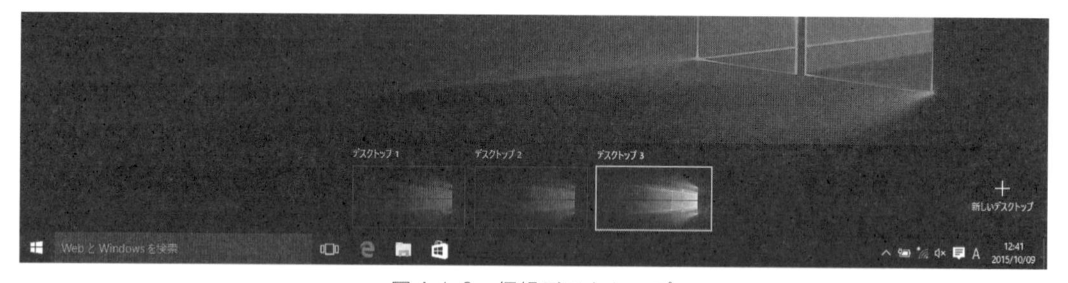

図4.1.9　仮想デスクトップ

クラシックスタイルに慣れているユーザーは，Windows 8ではどうやってシャットダウン（電源を切る）するか，とまどったことがあるかもしれないが，Windows 10はクラシックスタイルにも対応したOSなので，シャットダウンもWindows 7等のOSと同じような操作で可能である(図4.1.10：Windowsボタンの「電源」をクリックする.）.

Windows 10のOSは，以前のクラシックスタイルのOSと若干程度見た目が変わっている部分はあるが，基本的には感覚的に操作できる．したがって，Windows 7以前のOSの操作に慣れた人が使いやすいOSであると言える．

図4.1.10　電源のOFF

4.2 外部補助記憶装置（リムーバルメディア）の操作

PC の使用において，データのバックアップ等を行える外部補助記憶装置を使うことが多い．本書の第 1 章（1.2）で解説したメディアの扱い方を確認しておこう．

4.2.1 光ディスクの操作

光ディスク（CD，DVD，BD）は専用のドライブに入れると，PC 内でマウントされ，使用可能となる．ディスク内の情報を閉じた状態であれば，マウントされているドライブ上で右クリックして，「取り出し」を選択するか，あるいはドライブについているボタンを押すと取り出すことができる．

4.2.2 フラッシュメモリの操作

USB メモリと SD メモリーカードはフラッシュメモリと呼ばれる装置であり，電荷を用いて情報を保持するので，データを書き加えたり，変更したりするには通電しなければならない．通電状態のまま，何の処理もせずにフラッシュメモリを PC から引き抜くと，まれに過大電流が流れてしまい，保存されているデータの崩壊（クラッシュ）が起こる場合がある．そのため，装置を取り出すためには装置のマウントを一度解除する必要がある（図 4.2.1 は USB で図 4.2.2 は SD カード：マウントされている装置を右クリックして「取り出し」を選択する）．タスクバーの右下のアイコンを用いてもマウントをはずすことが可能である（図 4.2.3）．

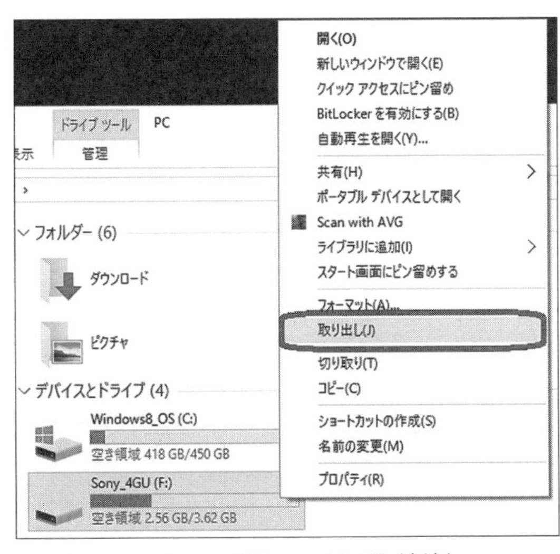

図 4.2.1　USB メモリの取り外し

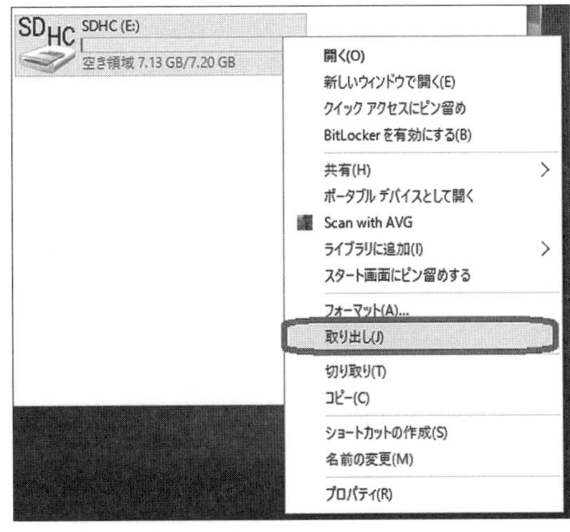

図 4.2.2　SD カードの取り外し

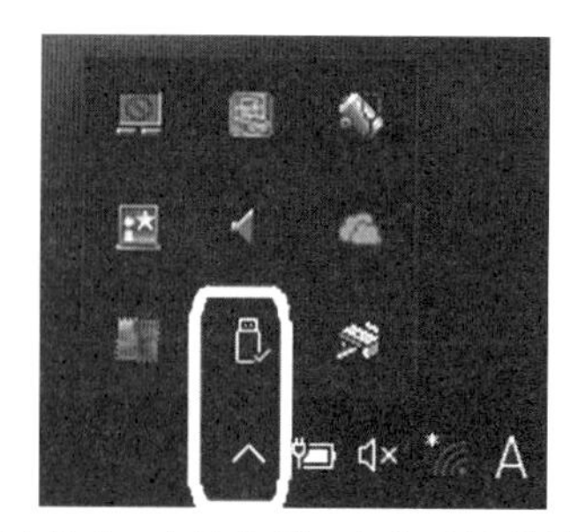

図 4.2.3　タスクバーからの取り外し

4.3 Windows 10のブラウザ

Windows 10から，新しいブラウザが導入されたので紹介しておきたい．

4.3.1 Microsoft Edge

Windows 10標準のブラウザとしてインストールされているのが，Microsoft Edgeという新しいソフトである．これまではInternet Explorerというブラウザが標準であったが，Windows 10のOSがリリースされ，このソフトが標準になった．タスクバーにある青いeというアイコンをクリックすると起動できる（図 4.3.1）．

図 4.3.1　Microsoft Edgeの画面

このソフトはWebページの画面に手描きの文字や図形を描けたり，不要な情報を表示しない等の機能を備えている．ただし，新しいソフトなので使いにくいという人のために，これまで標準であった IE（Internet Explorer）もインストールされている（図 4.3.2：Windows アクセサリの項目に入っている）.

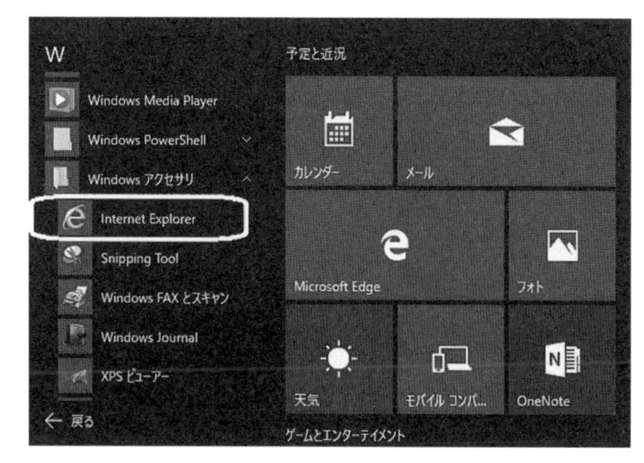

図 4.3.2 インストールされている IE

4.4 E-mail ソフト

Windows 10 には標準の E-mail ソフトがインストールされているが，現在，E-mail ソフトは多く存在し，その操作法は多くの人が修得していると思われるので，ソフトの詳細な操作方法については割愛する．未だに理解が完全には広まっていないと思われる事項についてのみ解説する．

4.4.1 宛先と Cc，Bcc の違い

E-mail にはメールを送る相手に対して，宛先，Cc，Bcc の使い分けをすることができる．これらの使い分けを解説する．

宛先にはメールを送る相手方のメールアドレスを記載する．メールを受信した相手方は返事をするかしないか，等の判断をしなければならない．一部の SNS ツールにおいて，返事を出さないので憎悪感を持たれる事例が報告されているが，送信したメールに対して返事が返る，あるいは返らないについてはあまり気にする必要はない．もちろん，返事を出さない場合，失礼にあたることもあるので，メールの内容次第でケースバイケースで判断してほしい．一方，Cc は Carbon Copy の略であり，Cc に記載するアドレスはメールの写し（複写）を送る相手となる．現在でも用いられるが，領収書等に記載する時に，書いた字が下の紙にも写る（同じ事項を書く手間が省ける）カーボン紙という紙を用いていたことが名前の由来である．これゆえ，Cc の欄に記載されたアドレスの相手には，送信側から返事は必要ないが，一応読んでおいて下さいというニュアンスを暗に伝えていることになる．最後の Bcc は Blind Carbon Copy の略である．例えば，宛先や Cc の欄にメールアドレスを A さんと B さんを記載した場合，A さんと B さんにメールが届き，A さんは受信したメールと同じメールが B さんにも届いていることがわかる．これに対して，Bcc に記載したアドレスにはメールが送信されるが，送信した人以外，誰に送信したメールかわからない．個人のプライ

バシーを守るために，不特定多数のメールを送信する場合等に使われる．

4.4.2 添付ファイル

E-mailでは，添付ファイルというファイルを付属させ，メール本文とファイルを同時に送信できる．添付ファイルには，基本的にどういった種類のファイルを用いても構わないが，拡張子が「.exe」のファイルはコンピュータウイルスの可能性があるので，メールサーバがブロック（削除）してしまうことがあり（セキュリティ上のリスク回避のため），届かない場合があるので注意すべきである．また，添付ファイルはメールサーバや通信環境等，複合的な要因により，データ容量が大き過ぎるとメール自体が届かないことがある．一般的に添付ファイルのデータサイズは2Mb（メガバイト）程度までと考えておくとよい．

第5章
キーボードを用いた入力

本章ではキーボードからの入力方法を説明する．キーボードからの入力は誰でもできるので今更と感じるが，当たり前だと思っている入力方法が，良い入力方法ではないかもしれない．基本的なことではあるが，改めて，本章で確認していただきたい．

5.1 日本語の入力方法

最も基本的な，キーボードによる日本語の入力方法を解説する．キーボードの操作に関しては，いわば，習うより慣れよ，のことわざのように，慣れるのが先になってしまい，我流の入力を行っている人をたびたび見かける．本節で確認しよう．

5.1.1 キーボードを用いた日本語入力

日本語の入力方法は大きく分けて，ローマ字打ちと，かな字打ちの２種類ある．これらを詳しく説明せずともよいと思うが，ローマ字で子音を打つのは２つのキーを打たなければならないが（例：か→ka），かな字で打つ場合には，一部の文字を除いて文字を１つのキーで打つことが可能である．したがって，かな字打ちの方がタイピングを速く行うことができる．タイピングの優劣は，どれだけ速くかつ正確にキーを打てるかによって決まるので，かな字打ちの方がよりよいことになる．しかし，かな字打ちから始めると英語のキーの配置を覚えられないので，ローマ字打ちを習得した後，タイピング速度が物足りないと思うならば，かな字打ちに挑戦するとよい．以下ではローマ字打ちを詳しく解説する．

タイピングの速度は入力の仕方にも左右される．例えば次の例を見てほしい．

例１：ファウンティンズ　修道院→FAUNTHINZU　SHUUDOUINN
（計 20 キー：20 ストローク）

例２：ファウンティンズ　修道院→FUXAUNTEXINZU　SHIXYUUDOUINN
（計 26 キー：26 ストローク）

同じ文字を打つ場合でも，例１は 20 ストロークで済むが，例２では 26 ストロークもかかる．すなわち，例２の方がストローク数が多いため，タイピング速度は遅くなる．面倒な文字（例の「ファ」や「ティ」等）はわからないので，小さい文字を単独で打つ方法を使えばよい（XあるいはLを使う方法）と考える人もいるかもしれないが，造語等でなければ，基本的に１つの文字を打つために要する最大ストローク数は３ストロークである．完璧にマスターしていない方は巻末付録のローマ字表（付録1）で，学習してほしい．加えて，促音である小さい「ッ」の記述方法が誤っている人を見かける場合もあるので，同じように確認していただきたい（子音を2つ続ける）．

5.1.2　漢字変換

日本語の漢字変換については，ひらがなの入力をした後にスペースキーや変換キー（無変換キーはカタカナ変換）を用いて行うが（ファンクションキーでも可能である），文節を区切りとして変換する方法と，一文すべて入力後に変換する方法がある．前者は変換キーを押す回数が増えるので，入力速度は遅くなるが，漢字変換の誤りの修正をしやすい．後者は変換キーを1度しか押さないので，入力速度は速い．しかし，すべての漢字が正しく変換されなかった場合，誤りの修正に手間がかかる．正しい漢字に変換するためには，次のように複雑な操作を行わなければならない[1]．

①ANOHITOMOUJUUYAKUNINATTA（あの人猛獣役になった）と打つ．

②スペースキーを押すと，次のように変換された．「あの人網重役になった」．

③エンターキー（決定）を押す前に，右の矢印キーを用いて，変換が誤っている部分に移動する．「あの　人　網　重役に　なった」という状態から（「あの」が選択されている状態から），「網」に移動する．

④「もう」で漢字にするのではなく，「もうじゅう」で漢字変換したいので，Shiftキー＋右の矢印キーを用いて，「もう」で区切られている状態を変えて，「もうじゅう」で区切られる状態にする．「あの人もうじゅうやくになった」．

⑤スペースキーあるいは変換キーを押して「猛獣」に変換する．

⑥「やく」が自動的に「役」と変換されれば，それで決定する．「約」等といった他の漢字の状態であれば，右の矢印キーで移動して，上と同じような作業を行う．

このように，正しい漢字に変換されなかった場合には，矢印キーやShiftキーを用いて，正しい漢字に修正する作業を行わなければならない．

5.2　タッチタイピング

キーボードを見ずに（下を見ずに）するタイピングをタッチタイピングという．タッチタイピングを習得するには，タイピングの練習を行う必要があるが，簡単な練習で可能である（1日10分程度，かつ1ヵ月程度の練習で習得可能である）．今はタイピング練習専用のソフトがたくさんあるので（無料のソフトもある），それらを利用するのもよい．ゲーム感覚のソフトもあるので，練習という感覚をあまり感じることもなく，自然に習得できる．キーボードの入力をスムーズにこなせるようになるには，タッチタイピングは必須である．

5.2.1　指の配置

キーボードには「J」と「F」のキーに突起がついている．それは，両手の人差し指の位置が，

---

[1] 例の文章は，一般社団法人　日本パソコンインストラクター養成協会のHPより引用した．

下を見ずとも指の感覚で確認できるようにという理由からである．右手の人差し指の位置は「J」で左手の人差し指は「F」で，右手の中指，薬指，小指は「J」の横に一列に置き（K，L，；），左手も同様に横に一列に置く（D，S，A）．これをホームポジションという（親指は変換キーを押すために離しておく）．これが指の基本的位置であり，この位置を基本としてすべてのキーを打ち，それぞれの指の担当キーは図 5.2.1 のようになる．本来ならば，図 5.2.1 のように縦の 4 段を打たなければならないが，初めはアルファベットの部分の 3 段から練習しよう．

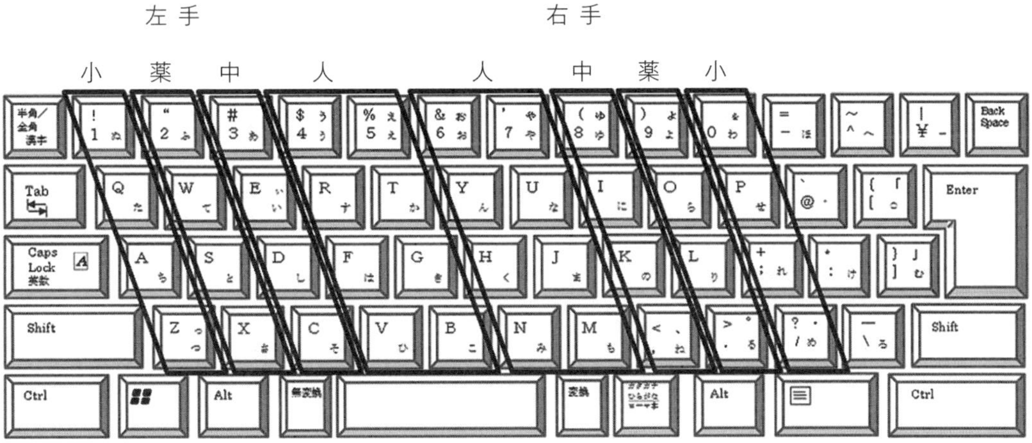

図 5.2.1　キーボードのキー配置

5.3 日本語入力ソフト（MS-IME）

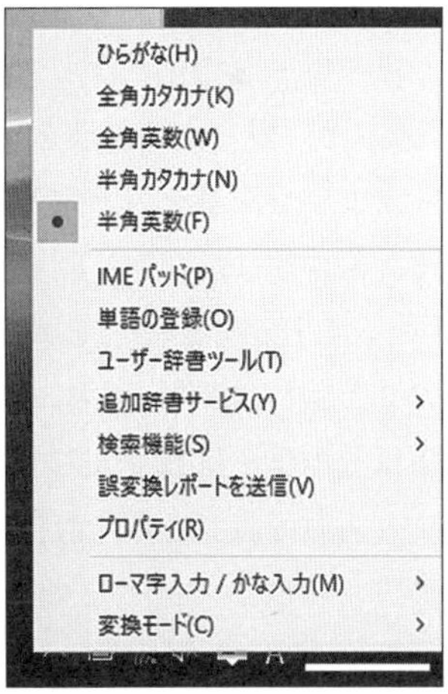

図 5.3.1　IME パッドの起動

Windows 10 には MS-IME（Microsoft Input Method）という日本語の入力（ひらがなやカタカナ，漢字入力等）のためのソフトがあらかじめインストールされている．このソフトで日本語入力に関する設定や入力文字の切り替え，頻繁に使う単語の登録，文字検索等が行えるようになっている（図 5.3.1：タスクバー右下の A のアイコンを右クリックする）．このソフトに関しても，使うことができると思うので，詳細な使用方法についての解説は割愛するが，必ず知っておいてほしい IME パッドの使い方について説明したい．

5.3.1　漢字の検索

MS-IME には IME パッドというすべての文字（ひらがな，カタカナはもちろんのこと，漢字やアルファベット等の文字に至るまで）を探せる機能が備わっている．例えば「鮴」という文字がある．この文字を読める人は多くないと思うが，どう読んでいいかわからないので，キーボードから入力しようがない．こういった場合に IME パッドを用いると良い．IME パッドには部首，総画数，手書きから漢字を検索できる機能がある（図 5.3.2：図 5.3.1 の IME パッドをクリックする．図は手書き検索モード)．「鯲」という文字の読み方がわからなくても，部首は魚へんであり，総画数は19画という手掛かりがあるので，これらの情報から検索できる．また，部首や総画数がよく判別できない場合は，図5.3.2にあるような手書き検索モードで，マウスを使い，画面にフリーハンドでその漢字を描くことによっても検索可能である[2]．

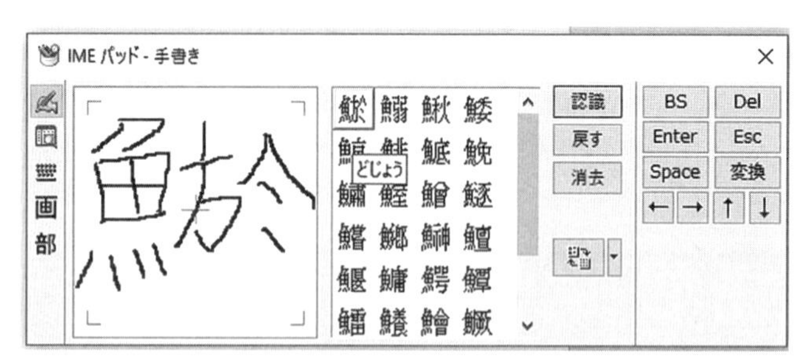

図5.3.2　手書きモードで検索

5.4 特殊な文字や記号の入力

！，％，はどう入力するかご存知だろうか．簡単に入力できるという方には，さらに質問をしたい．|，＿，＼，はどう打つだろうか（| は小文字のエルではなく，バーティカルバーという)．本節ではこのような特殊な文字や記号の入力方法を解説する．

5.4.1 キーボードのキー

キーボードのキーは，文字や記号を入力するキー（例：A キー（アルファベットのAを入力する））と，何らかの処理を実行する特殊なキー（例：Enter キー（操作を決定する））に大別される．文字や記号を入力するキーには，図5.4.1の例にあるように，最大4つの文字が印字されている．基本的に，キーに印字されている文字を入力する手段は，左と右，上と下で異なる．左の文字（図5.4.1の①と②）を入力するには直接入力モード，右（図5.4.1の③と④）はかな入力モードで入力する文字である．そして，下の文字はそのキー単独で入力できるが，上の文字は shift キーと同時に押すと入力可能である．直接入力モードと日本語入力モードの切り替えの方法は次節で述べるので，知らない方は次節を読んでいただきたい．

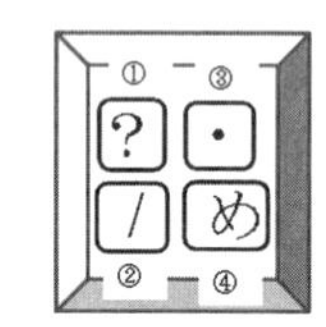

図5.4.1　キーに印字されている文字

5.4.2 キーボードにはない特殊文字の入力

ギリシャ文字等キーボードにない特殊な文字を入力するためには，二通りの方法がある．一つはその文字の読み方を日本語で入力して変換する方法で，読み方を知っているならば入力しやすい．例を挙げると，「あるふぁ」と入力して変換キーを押すと，「α」と変換できる．別の例では，「ふ

---

[2] 「鯲」は淡水魚の「どじょう」と読む（図5.3.2参照)．

とうごう」あるいは「だいなり」と入力して変換し，「≧」の記号を入力できる．読み方を知らなくても入力可能で，前節で解説したIMEパッドを起動すると，記号等をリスト表示できるので(文字一覧を選択する)，入力したい文字を選択して入力する．ただし，前者の方法に比べると若干手間がかかる（図5.4.2)．

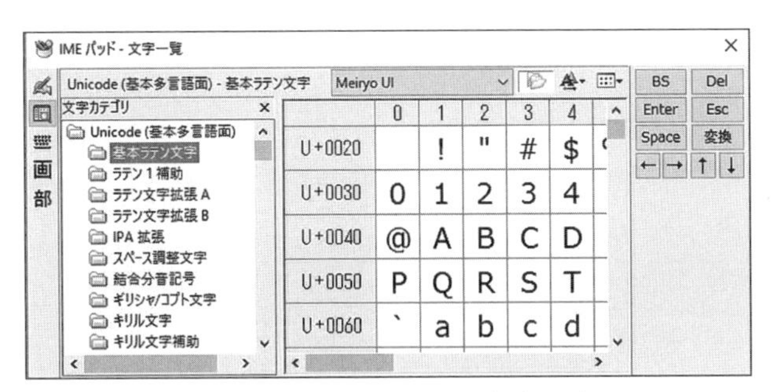

図 5.4.2　IME パッドの文字一覧

5.5 キーボードのキーとショートカットキーの機能

現在のPC操作においては，OSの画面が視覚的にわかりやすいので，マウスでさまざまな作業を行うことが可能だが，マウスがなくてもキーボードだけで操作可能である．本節では文字の入力以外のキーボードのキーの役割を解説したい．

5.5.1 処理を実行するためのキー

キーボードのキーには様々な役割があり，日本語入力以外の機能を持つキーも数多く備えられている．109キーボード（109個のキー：デスクトップ型で多い）を解説したものを巻末付録に載せる（付録2)．アルファベットの大文字しか入力できなくなった，入力すると既にある文章が消えてしまう，アプリケーションがフリーズしてしまった（操作不能になってしまうこと）等の経験は誰にでもある．そういった問題を解決するために，普段あまり使わないようなキーの機能を覚えておくと便利である．ただし，付録に記述した機能は代表的なもので，アプリケーションによって異なる場合もあるので注意してほしい．特に知っておくと便利なキーは 半角/全角 ， Caps Lock ， Insert ， Print Screen ， Num Lock である．

5.5.2 ショートカットキー

PCの操作においてはマウスをクリックせず，キーのみで様々な作業を行うことが可能である．そういった作業をできるキーをショートカットキーといい，マウスに手をかけなくても良いので，作業を短時間で済ますことが可能になる．使用頻度が高いと思われる主なショートカットキー一覧を巻末付録に挙げたので(付録3)，確認していただきたい．特に，PCのアプリケーションがフリーズした際，正常復帰させる機能をもつタスクマネージャーを起動させることができる Ctrl + Alt + Delete や Ctrl + Shift + Esc は覚えておいてほしい．

第6章

Word 2016の操作方法

Wordは，書式等を決め，文字を入力して文章を作成する機能をもつソフトである．短い手紙から，論文等の長い文章まで幅広く対応できるので，用途が広く，多くの人が一度は使ったことがあるソフトであろう．本章ではWord 2016の使用方法について解説する．しかし，第4章と同様，ここをクリックするとどうなる，という詳細な説明はあまりせず，ソフトを概略的にとらえられるような解説をする．

Wordの主な機能は3つある．

1．文書（文字）を入力する機能とそれを補助する機能
2．文書体裁（文字体裁を含む）およびレイアウトを決める機能
3．オブジェクト（表や図等）を文書内に挿入する機能

最新のMicrosoft Office製品はクラウド化し，ソフトのメディアが廃止された．つまり，ソフトを使用する前に，購入したCDを入れてPCにインストールする方式ではなく，費用を支払ってネット上からダウンロードする，もしくは通信費を継続的に支払って利用する形態に変わった．

本章では，Word 2016のクラウド化について冒頭で言及するとともに，機能別に説明をする．

6.1 クラウドコンピューティング

クラウドコンピューティング（Cloud Computing）とは，ネットワークを介したサービスを利用して，アプリケーション機能等を利用することをいう．例えば，インターネット上では無料のE-mailサービスがあるが，それを利用している場合，クラウドコンピューティングを行っている．つまり，ブラウザを起動してE-mailサイトにアクセス後，ユーザー名とパスワードを入力して自分のメール受信箱を確認するといった手順を踏む．この場合，何らかのソフトをPCにインストールすることなく，かつ特定のPCからではなく，どのPCからでもアクセスでき，送受信メールのデータはインターネット上のサーバコンピュータ内に保存される．このように，ネットワークを介したサービスの利用をクラウドコンピューティングという．

クラウドコンピューティングにはいくつか利点がある．まず，操作するPCが変わっても同じ環境を呼び出すことが可能である．例えば，自宅のPCでなければ，このファイルの操作ができないのでは不便である．出先において，あるいは移動中も至る所で作業ができれば利便性が増す．また，セキュリティの面でも利点があり，ネットワーク上でアプリケーションを利用し，情報をサーバー上に保存するならば，例え，クライアントPCが盗難の被害にあい，機器が盗まれても，情報は盗まれないことになる．近年，クラウドコンピューティングを行うアプリケーションはどんどん増えてきており，これからは，クラウドコンピューティングが主流になるだろう．

6.1.1 Officeのクラウド化

Microsoft Office 2016（本書で解説するWord, Excel, PowerPoint）はクラウドコンピューティングのサービスに変化した．ただ，完全にクラウド化したわけではなく，一部，クラウドサービスと併用する形態をとっている．このため，PCに何もインストールせずに，インターネット上でWordを起動するのではなく，費用をあらかじめ一括で支払い，ネット上からダウンロード後，インストールする（パッケージ版），あるいはOffice 365というクラウドサービスに加入して（Officeサブスクリプション：サービスの利用期間に応じて代金を支払う），利用する．それゆえ，インターネットに接続できていれば，Office製品を利用でき，サブスクリプションタイプであれば，常に最新バージョンのソフトを使用することが可能である．これに加えて，クラウドサービスを受けることができるので，インターネット上にデータを保存すること等もできる．サービスの違いによって，使用可能なソフト等異なるので，詳しくはインターネット等で確認していただきたい．ただし，個人で加入するためには，Microsoft社が管理するHP等にログイン可能なメールアドレスが必要で，サービスによってはクレジットカードも必要な場合がある．一方，学校等で利用する場合には，Office 365 Educationという学校向けのサービスがあり，所属する学校がボリュームライセンスを取得している場合のサービスも多種存在するので，加入時によく確認していただきたい．

6.2 Wordの基本操作

日本では90%以上のPCがMicrosoft Office搭載モデルだと言われている．したがって，多くの方はWordを一度は操作した経験があると思う．基本的な操作を詳細に述べずとも良いと思うが，念のため，簡潔に基本操作を解説しておく．

6.2.1 Wordの起動

Word 2016を起動すると図6.2.1のような画面が出る．Windowsボタン－「すべてのアプリ」－「M」－「Microsoft Office」または「すべてのアプリ」－「W」の項目に入っている．ただし，初回時のみ設定のダイアログ（小さい窓）が現れるので，使用許諾に同意する必要がある（図6.2.2）．Office 2016は，前節で述べたようにクラウドサービスを併用する形態をとっているので，インターネットに接続できていないとソフトを使用することができない（図6.2.3）．ただし，店舗でOffice 365を購入した場合は，付属のプロダクトキーを入力することで使用可能である．

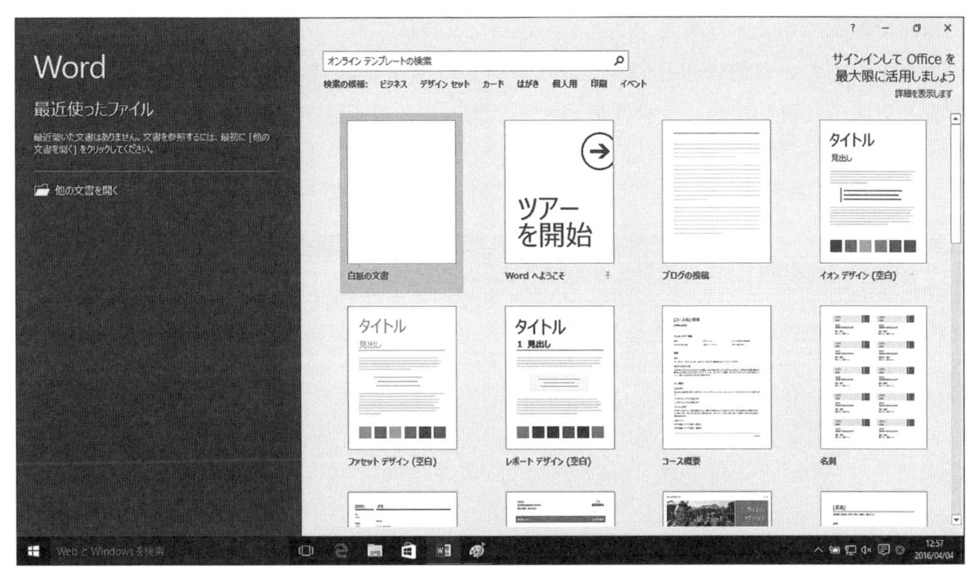

図 6.2.1 Word の起動画面

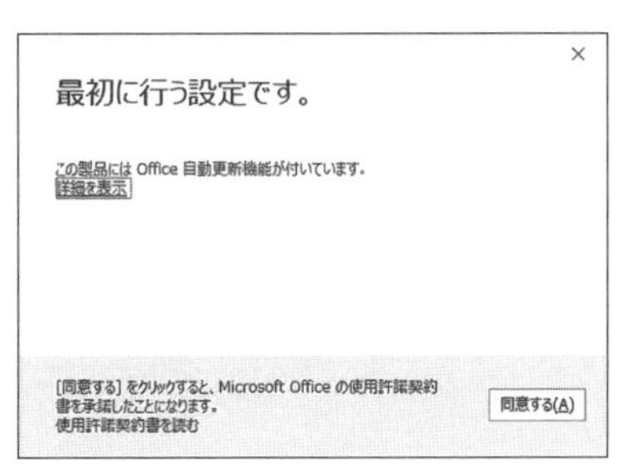

図 6.2.2 起動初回時の設定

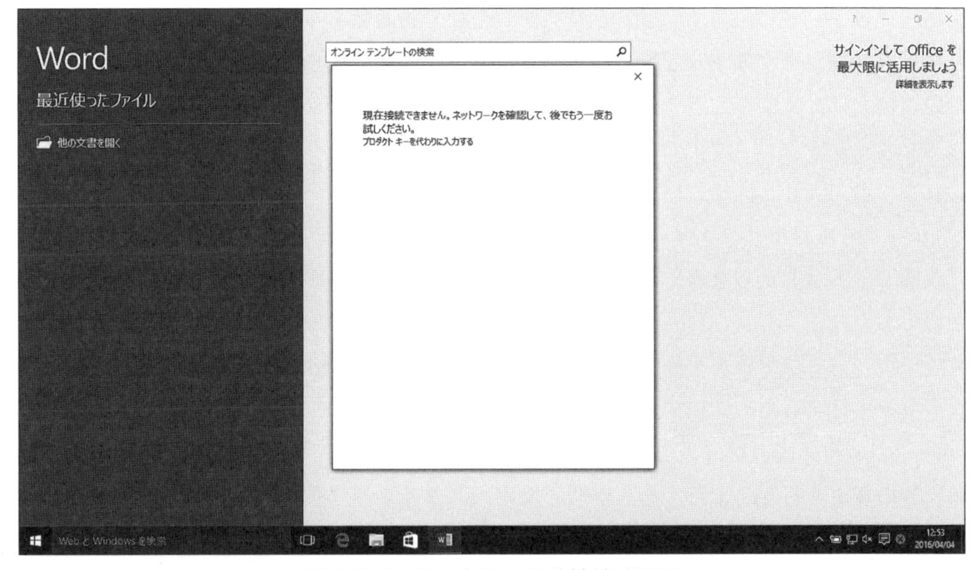

図 6.2.3 ネットワーク非接続時画面

初期画面である図6.2.1の画面では，どういった文書にするかテンプレート（ひな型）を選ぶことが可能で，書きたい目的に応じて（レポートや名刺作成等），あらかじめ決まったフォーマットの文書を選択する．テンプレートを選択すると，図6.2.4の画面が現れる（ホーム画面：白紙の文書を選択した場合）．

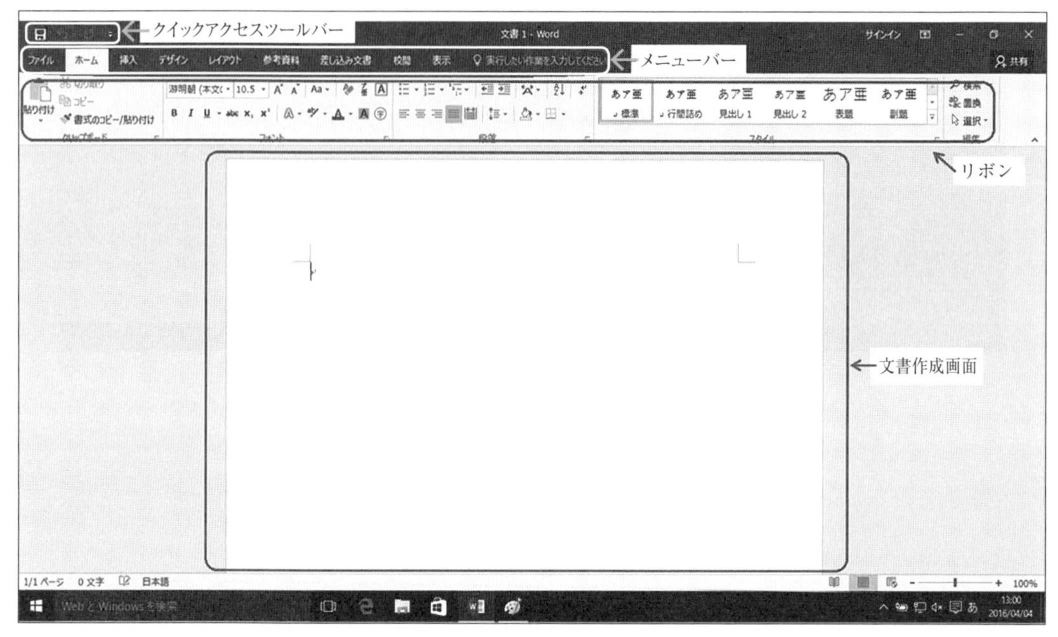

図6.2.4　Wordの画面

Wordの操作は図6.2.4のような画面で行う．画面上部の「クイックアクセスツールバー」（頻繁に使用する操作コマンドを置く），「メニューバー」，「リボン」において処理操作を選択する．上部の画面構成はWordに限らず，Officeのソフト全般で共通である．中央の大きく白い部分は，実際の文書入力や編集をするWord特有の画面となる．文書入力を白い画面内に行い，特殊な処理を行いたい（例えば，文字を大きくしたい等）場合は，処理の大まかな分類を示す「メニューバー」から該当するタブをクリックして，「リボン」より処理を選択する．多少なりとも操作経験があれば，これまでのWordと同様に感覚的に操作可能である．

「メニュー」の項目は「ファイル」，「ホーム」，「ページレイアウト」，「参考資料」，「差し込み文書」，「校閲」，「表示」からなる．何の作業を行う時に，どのメニュータブを用いれば良いかを，次にまとめておく．

- 「ファイル」・・ファイルを作成，開く，保存する，等のWordにおけるファイル処理の基本的な命令を実行するために用いる．また，印刷も行う．
- 「ホーム」・・文書の切り取りと貼り付け（コピーとペースト），文書体裁（文字や段落の体裁）等の変更を行う．また，あらかじめ文字のスタイル（字体等）が決められているテンプレートを利用することができる（スタイル）．「ホーム」で実行することは，一部マウス右クリックでも可能である．

・「挿入」・・文字通り何かを挿入する際に用いる．文書内に「図形」や「表」，「画像」等を挿入したい場合に用いる．
・「デザイン」・・Wordにあらかじめ書式のテンプレートがあり，それを利用して文書を入力したい場合に用いる．
・「レイアウト」・・文書全体のレイアウト変更を行う際に用いる．文書の「段組み」，紙面をマス目が入る「原稿用紙」スタイル，段落間隔の設定等に用いる．
・「参考資料」・・目次の設定，脚注，引用文献等の挿入に用いる．
・「差し込み文書」・・ハガキ，封筒に貼るようなラベル等，特殊な文面を作成する場合に用いる．
・「校閲」・・文書校正やコメントの機能を利用する場合に用いる．
・「表示」・・編集中の文書をディスプレイ画面にどう表示するか設定するときに用いる．

6.2.2 Word 2016の新機能

Microsoft Word 2016の主な新機能として，以下の機能が挙げられる．ただし，Windows 10の解説時にもふれたが，Office 2016はプログラムの更新によって，次々に新機能が加えられる，あるいはソフトの仕様が改変される可能性がある．

・ソフトが一部クラウド化したことにより，他人とファイルの共有や文書作成の作業状態の確認ができるようになった．
・操作アシスト機能（ヘルプ機能）を用いて，わからない作業でも簡単に操作できるようになった．
・数式の入力に手書き機能が付加された．

これらの新機能については，以降で随時解説していきたい．

6.2.3 文書の作成，保存，印刷

メニューの「ファイル」をクリックすると，文書情報を確認したり，文書の新規作成，保存，印刷等を行うことができる（図6.2.5）．最上部の矢印をクリックすると，ホーム画面に戻る．「共有」は前述のように，Officeが一部クラウド化したことによる新機能であり，他ユーザと文書を共有できるようにする．ただし，インターネットを介して共有する場合は「サインイン」をしなければならない（図6.2.6）．メールアドレス等の入力を行い（図6.2.7），「サインイン」することでクラウド機能の利用が可能となり，インターネット上に文書を保存する作業が可能になる．

図6.2.5　ファイルタブ

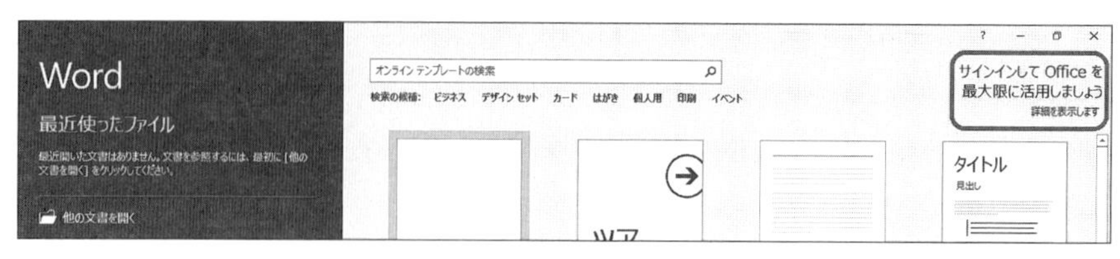

図 6.2.6　サインイン

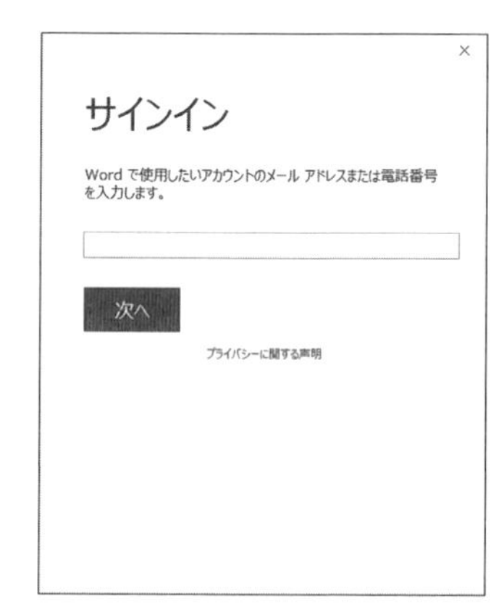

図 6.2.7　サインイン時の画面

印刷については，「ファイル」の「印刷」で行う（図 6.2.8）．図 6.2.8 の画面において，印刷する部数，用紙，印刷の向き，余白等を設定した後，プリンタのイラストが描かれている「印刷」ボタンをクリックすると印刷できる．

Word の操作において，知っておくと良いのが「保存」のオプション項目である（図 6.2.9）．例えば，Word のファイルはそれが作成されたバージョンの違いによって，印刷時にレイアウトがでたらめになってしまうことがある．こういったバージョンの違いに起因するミスを防ぐためには，pdf や xps ファイル形式で保存すると良い．編集し直すことが困難にはなるが，pdf や xps 形式はレイアウトをあらかじめ決めた上で保存するので，バージョンの違いに影響されることはない．ただし，それらの形式のファイルを閲覧するファイルビューワー（無料）というソフトが別途必要である（xps については標準装備されている）．

図 6.2.9 にあるように，述べたファイル形式以外にも多くのファイル形式で保存可能である．マクロという語が入っている形式は，あらかじめプログラムが組み込まれていて，処理の自動実行を

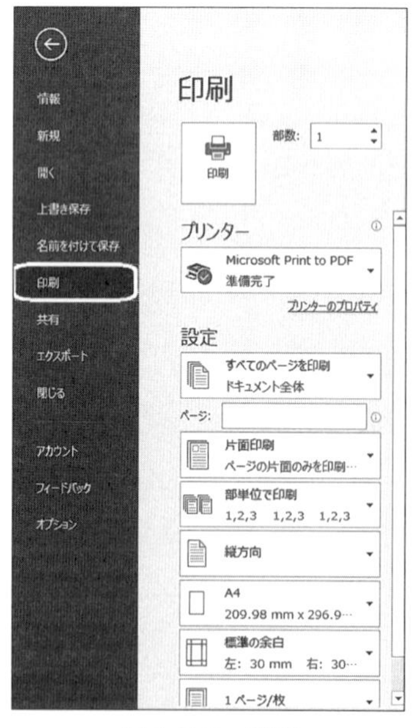

図 6.2.8　印刷

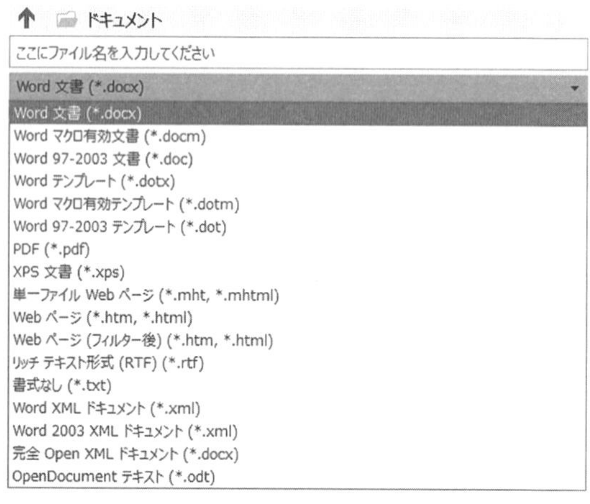

図 6.2.9　保存のオプション項目

行うようなファイル形式である（VBA というプログラミング言語を用いる）. 97-2003 文書はバージョンが古いタイプに適合するようなファイル形式（バイナリ形式：2進数の形式）で保存する. 一方，Web ページや XML という単語が入っているものはホームページ用のファイル形式で保存する. これら保存のオプション項目は，本章以降で解説する Excel や PowerPoint についても共通である.

6.2.4 新しいヘルプ機能

Word 2016 ではヘルプ機能が拡充した. 以前のバージョンの Word では，知りたいことについてのキーワードを入力すると，その語に関連するヘルプ文書（いわゆる取扱い説明書のようなもの）が表示される機能のみであったが，2016 では従来のヘルプ機能と並行して，それに関する作業を呼び出すことが可能になった. メニューの「表示」タブの右横にある「実行したい作業を入力して下さい」の欄（図 6.2.10）にわからない知識や作業を入力すると，そのキーワードに関する操作も可能になった（図 6.2.11：「特殊記号」と入力した場合）.

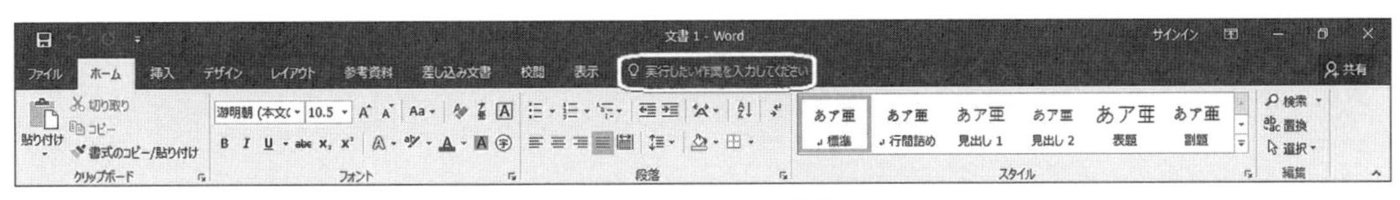

図 6.2.10 ヘルプ機能

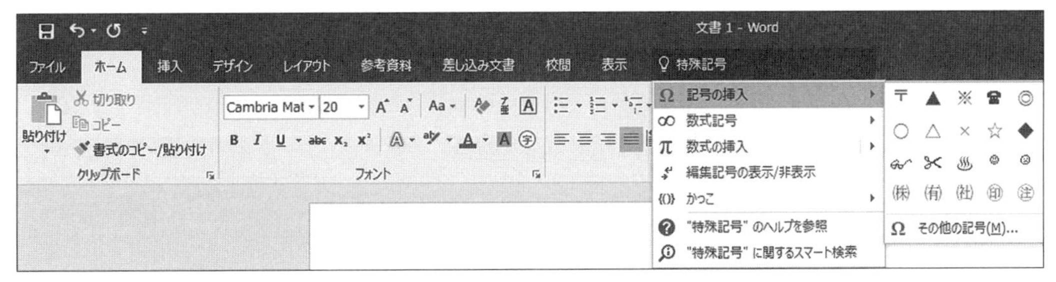

図 6.2.11 ヘルプ機能における作業

6.2.5 画面表示の設定

文書作成画面をどう表示するかについては，メニューバーの「表示」の機能で設定可能である（図 6.2.12）. リボン左側にある「閲覧モード」（画面全体で表示），「印刷レイアウト」（紙に印刷した場合に，どう見えるかを表示），「Web レイアウト」（ホームページを作成する場合の表示）の切り替え等を行うことができる. その隣にある「ルーラー」は縦横端に定規を表示し，「グリッド線」は文書入力画面内に横線（縦書きであれば縦線）を入れる（印刷した場合に印字はされない）機能である. 中央の「ズーム」は文書作成画面の大きさを変える機能であり，拡大や縮小はもちろんのこと，複数ページにわたって表示することも可能である. ズームの機能は Word 画面の右下にある「ズームスライダー」でも行える（図 6.2.13）.

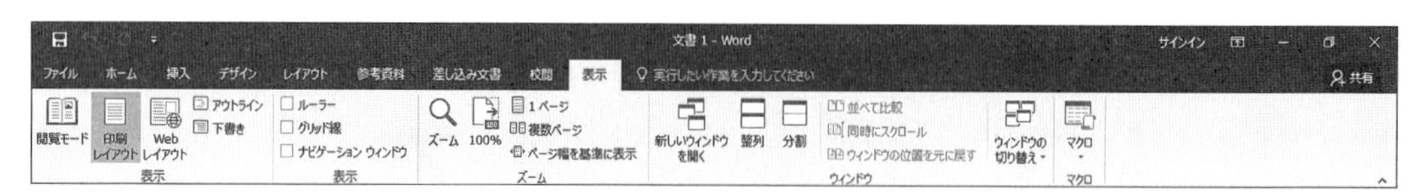

図 6.2.12　表示タブ

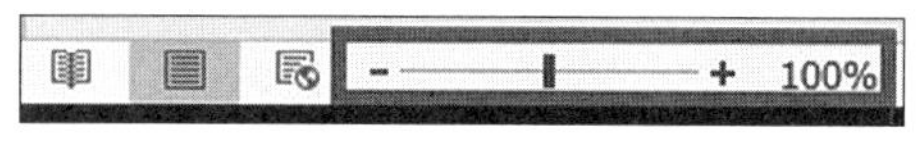

図 6.2.13　ズームスライダー

6.3 Word における入力と入力の補助機能

本節では本章冒頭で述べた文字（文書）の入力とそれを補助する機能について言及する．ただし，日本語入力の方法や漢字変換については，前章（第5章）で詳しく解説しているので割愛する．ここでは Word 独自の入力機能，加えて入力機能に付随する補助機能である文書校正，オートコレクト機能やオートフォーマット機能を説明する．

6.3.1　特殊文字の入力

特殊文字の入力については前章 5.4 で解説した方法で可能であるが，Word にも独自の入力機能がある．前節で解説したヘルプを利用しても構わないが，「挿入」タブのリボンの右端にある「記号と特殊文字」をクリックしても同じ機能を利用できる（図 6.3.1）．

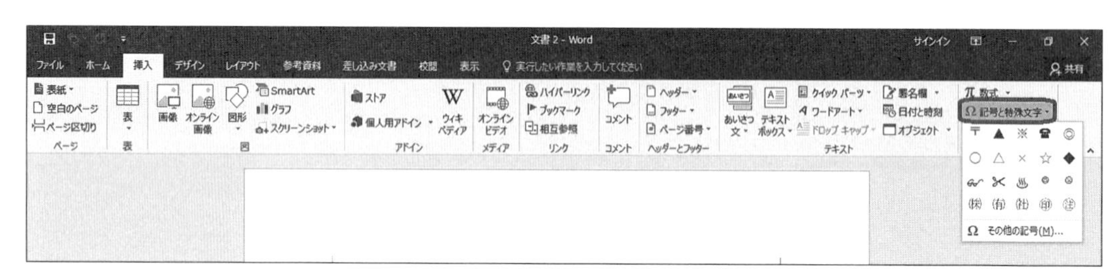

図 6.3.1　特殊文字の入力

このように，Word にも特殊記号を入力する独自の機能が備えられていて，「記号と特殊文字」の一覧の最下部にある「その他の記号」をクリックすると図 6.3.2 のような窓が現れる．この記号一覧は MS-IME の表とは一部異なるが，これを用いて入力できる．

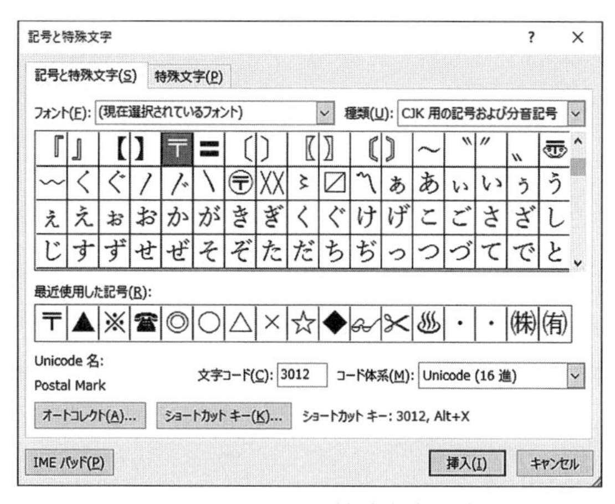

図 6.3.2 記号と特殊文字一覧

6.3.2 文書校正機能

Wordには文書校正という機能が備えられている．例えば，文書を入力すると文字の下に波線が現れる時がある．Wordのバージョンによって若干異なるが，Word 2016では波線が現れる（図6.3.3）．これはWordの文書校正機能によるもので，以前のバージョンのWordでも備えられている．図6.3.3では，3行の文すべてにおいて一部の文字の下に波線が現れている[1]．1行目の文は「食べれる」の部分にひかれているが，これはWordのソフトが「食べれる」ではなくて，「食べられる」ではありませんか（ら抜き文書ではないですか），とチェックする機能が働いている．その下の行の文章については，「過ぎてる」→「過ぎている」の誤り（い抜き文字），「なん」→「なの」の誤り（くだけた表現）という意味で波線が表示されている．この文書を印刷しても波線は印刷されないので，あまり気にしなくても良いが，この機能を解除することは可能である．

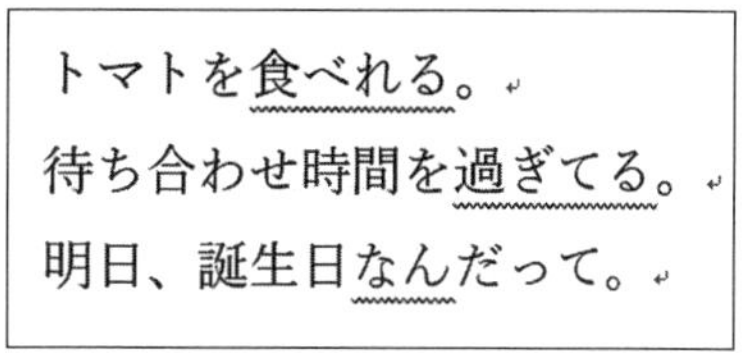

トマトを食べれる。
待ち合わせ時間を過ぎてる。
明日、誕生日なんだって。

図 6.3.3 文書校正機能

文書校正機能を解除する1つの方法は，波線がついている場所にカーソルを移動させて右クリックし，図6.3.4のようなダイアログを表示させ，「無視」を選択する．すると波線が消える．また，これ以外にも，メニュータブの校閲タブをクリックし（図6.3.5），一番左側にある「スペルチェックと文書校正」ボタンをクリックすると，文書右側に図6.3.6のような画面が現れるので，同様の操作を行うことができる（「無視」をクリック）．

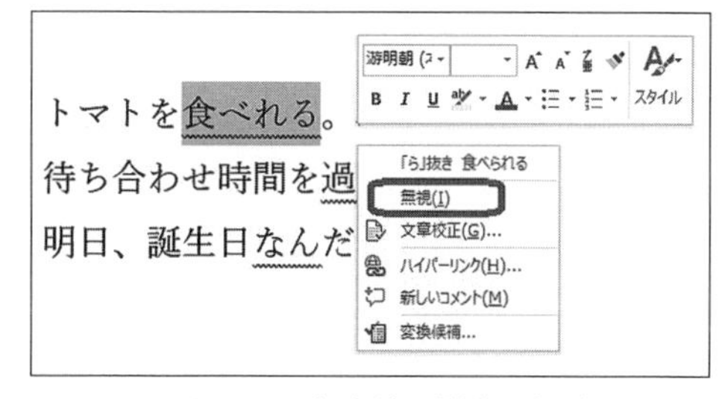

図 6.3.4 文書校正機能の解除

---

1 最新のWordでは（2017年2月）波線ではなく，二重線になった．

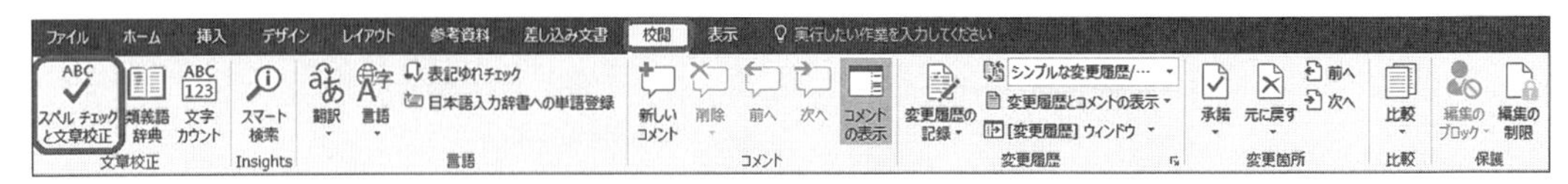

図 6.3.5　校閲タブの文書校正機能

加えて，文書校正に関する設定を変えることもできる．メニュータブの「ファイル」の「オプション」をクリックする．すると，オプションのダイアログ画面が現れるので，その中の「文書校正」を選択し，Word のスペルチェックと文書校正の設定ボタンをクリックする．図 6.3.7 にある文書校正の詳細設定画面が現れるので，ここで文書校正に関する項目を変更することができる．

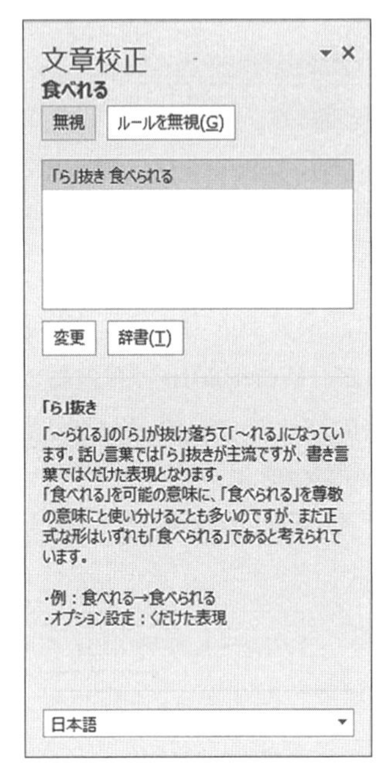

図 6.3.6　校閲タブを用いた文書校正機能の解除

図 6.3.7　文書校正機能の設定

6.3.3　コメントの入力

前述した校閲タブ（図 6.3.5）にあるリボンの機能には，コメントと言って，文章に注釈をつける機能がある．例えば，他人と文書をやり取りするような場合や，後でこの一文を添削し直すといった場合，文書の外にちょっとした説明文をつけ加えることができる．コメントを付け加えたい文章を選択した後，「校閲」タブの「新しいコメント」ボタンをクリックして，コメントを記述する（図 6.3.8）．コメントを付け加えると，文書右側に吹き出しが現れる（図 6.3.9）．

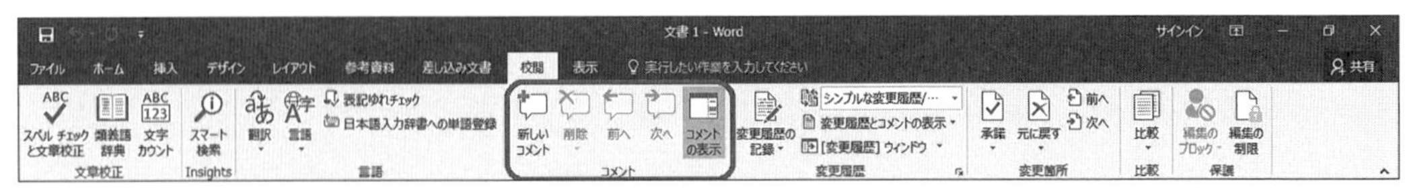

図 6.3.8　コメントの記述

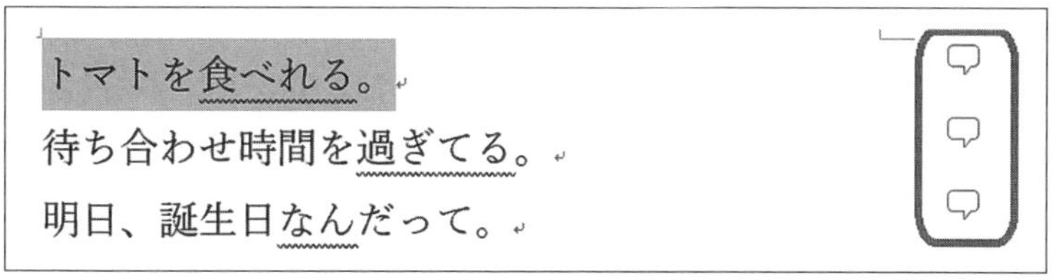

トマトを食べれる。
待ち合わせ時間を過ぎてる。
明日、誕生日なんだって。

図6.3.9 コメントの表示

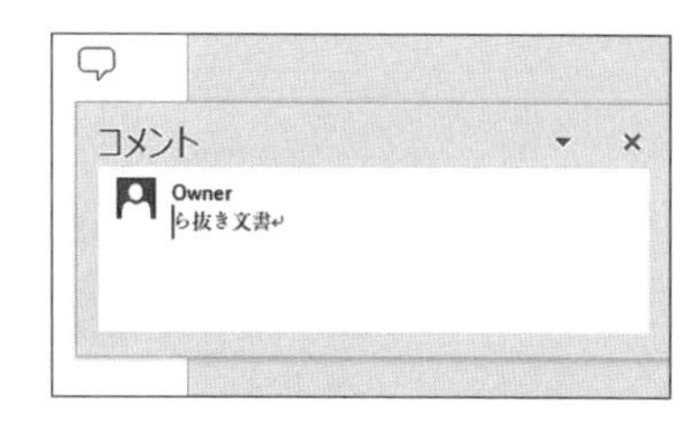

図6.3.10 コメント内容の表示

吹き出しをクリックするとコメントの内容が表示されるので（図6.3.10），後日，文書内容について確認する，また，他人と文書内容についてやり取りする場合等に利用する．Word 2016から，ネット上に文書を保存して，その文書を複数の他人と共有可能となったことで，その入力者（ユーザー名）も記録されるコメントは，誰が何とコメントしたか区別でき，文書についてPC上で詳細に議論することができるツールである．同じ学校，職場等のユーザー同士では必要ではないかもしれないが，地理的に離れたユーザー同士で文章についての校正を行う場合は有用なツールとなる．これに加えて，リボンの変更履歴の機能を併用すると，誰がいつ文書に修正を加えたかも把握できるので，より議論を尽くすことが可能になる．

「校閲」リボンには，文書校正等，文書入力に対する補助的機能が多く含まれていて，「類義語辞典」や「翻訳」といった機能もあるが，これらの機能はどちらかと言えば，長い文章（例えば，本の原稿や卒業論文等といった百ページ以上にわたるような文章）を書く場合や，特殊な文書を書く場合を想定した機能が多いので，本書では，詳細に解説することを避ける．

6.3.4 オートコレクト機能とオートフォーマット機能

前で解説した機能は文書校正や文書作成補助に関する機能であるが，この他にも，Wordには文書入力の際，自動で入力補助あるいは入力修正する機能が2つある．1つはオートコレクト機能と言い，文頭に小文字で英単語を打った時に，頭文字を大文字にしたり，英単語にスペルミスがある場合，自動で修正するような機能である．もう1つはオートフォーマットという機能であり，例えば，冒頭挨拶で頭語の「前略」と打つと，最後に「草々」という結語が自動で入力されたり，文書中にインターネットのURLを入力すると，自動で青色になり下線がひかれる等の機能をいう．これらの機能もWord特有の入力補助機能なので，使い方次第では便利である．

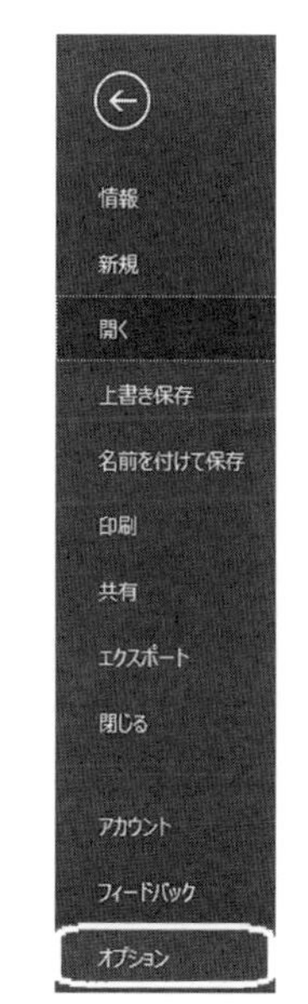

図6.3.11 ファイルタブのオプション

しかし，場合によっては，文書入力の際にこれらの機能が邪魔な時もある．これらの機能の設定変更を行いたい場合は，メニュータブの「ファイル」の「オプション」をクリック後（図6.3.11），図6.3.12の窓の左側にある「文書校正」をクリックすることで，オートコレクト機能の設定を行うことができる．さらなる詳細な設定を行いたい場合は，図 6.3.12 の窓の「オートコレクトのオプション」をクリック後，図 6.3.13 の画面でさらなる詳細な設定を行うことが可能である．この画面では，オートコレクト機能に加えて，オートフォーマット（入力オートフォーマット）機能の設定も行うことができる（入力オートフォーマットタブをクリック）ので，自身が使いやすいようにカスタマイズすることができる．

図 6.3.12　オートコレクトのオプション

図 6.3.13　オートコレクトの詳細設定

6.4 文書体裁やレイアウト設定

文書作成においては，その時に応じて字体を大きくしたり，文書全体の大きさを変更すること等が必要となる．例えば，図 6.4.1 のように，体裁を細かに決める必要がある文書の場合，多くの変更を施さなければならない．本節では，Word の操作において最も重要な部分を占める文書体裁の方法，すなわち，文字に対する設定や，文書全体に対する設定の方法について解説する．

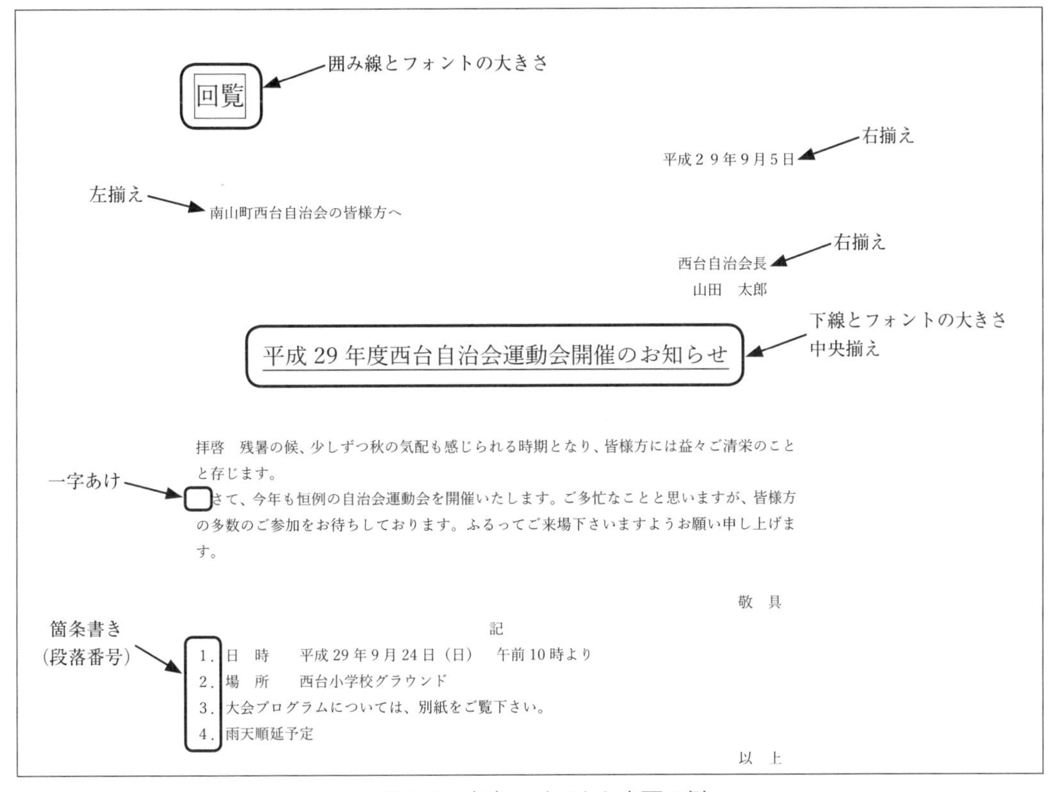

図 6.4.1　文書レイアウト変更の例

6.4.1 文字に対する設定

文字に関する変更は，メニューの「ホーム」タブの「フォント」リボンで行う．「フォント」リボンにあるアイコンの機能一覧を表 6.4.1 に示す．

表6.4.1　フォントリボンの機能一覧

游明朝 (本文(▾	フォントの種類の変更
10.5 ▾	フォントの大きさの変更（数値を選ぶ）
A^	フォントの大きさをボタンのクリックで拡大
Aˇ	フォントの大きさをボタンのクリックで縮小
Aa ▾	文字種の変更（大文字や小文字，その他）
A	書式のクリア（さまざまな文字に対する設定を初期状態に戻す）
ア亜	ルビ（ふりがな）の付加，削除
A	囲み線（文字や文を線で囲む）の付加，削除
B	ボールド体（太字）への変更，解除
I	イタリック体（斜体）への変更，解除
U ▾	下線の付加，削除
abc	取り消し線（文字の上を横切る線）の付加，削除
x_2	下付き文字の付加，削除
x^2	上付き文字の付加，削除
A ▾	文字の視覚的効果（影や光彩等）の付加，削除
ab ▾	蛍光ペン（文字を蛍光ペンでなぞるように，色をつける）の付加，削除
A ▾	文字の色の変更
A	文字全体に対する網掛け線の付加，削除
字	文字に対する丸や四角の囲い線の付加，削除

表6.4.1にあるリボンのアイコンをクリックすることで，文字に対する変更が可能となる．また，既に入力済みの文字に対しても，マウスで変更したい文字を選択して（左クリックしたまま，ドラッグ），リボンのアイコンをクリックすると変更できる．この他，「フォント」リボンの右下隅にある小さい矢印のボタン（ダイアログ起動ツール）をクリックするとダイアログが表示され，一括設定を行うことが可能である（図6.4.2）．

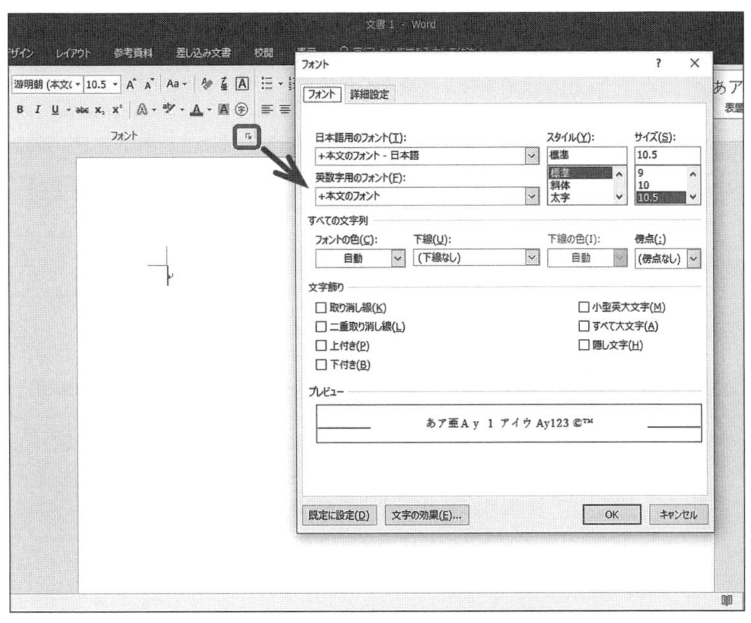

図 6.4.2　フォントリボンのダイアログ起動ツール

6.4.2　段落に対する設定

段落全体に対する変更は「ホーム」タブの「段落」リボンで行う．表 6.4.2 に「段落」リボンにあるアイコンの機能を示す．段落に関する設定も文字と同じように，「段落」リボンの右下にあるダイアログ起動ツールをクリックすると一括設定を行える（図 6.4.3）．

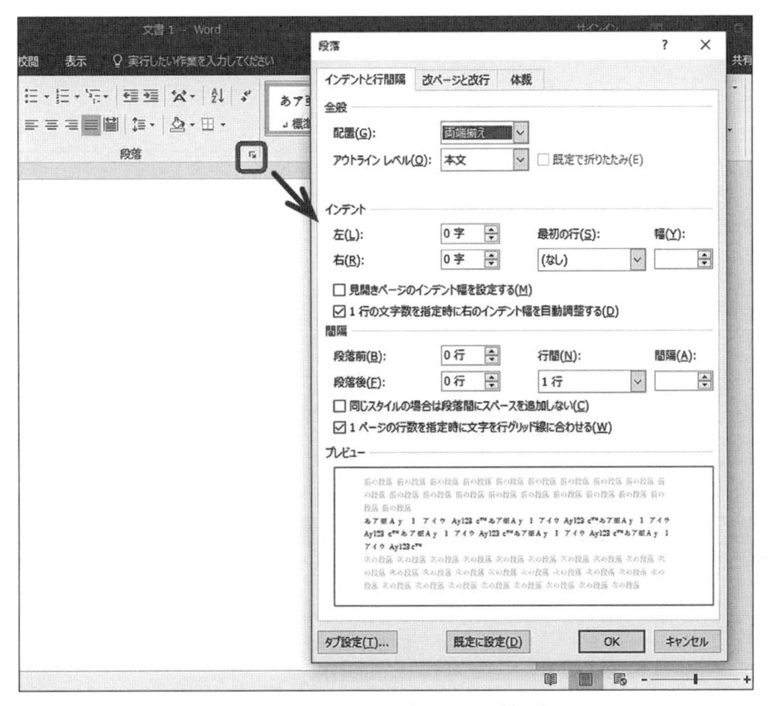

図 6.4.3　段落リボンのダイアログ起動ツール

表6.4.2　段落リボンの機能一覧

	箇条書き（点をつけてリストにする）への変更，解除
	行番号（箇条書きの点が番号に変わる）への変更，解除
	アウトラインスタイルへの変更，解除
	インデント（行頭の余白）を削除
	インデントを付加
	段落文の拡張書式（組み文字や拡大，縮小等）の変更，解除
	並べ替えて表示（あいうえお順や数字順）
	編集記号（スペースの部分に四角が表示される等）の表示，非表示
	左揃えへの変更，解除
	中央揃えへの変更，解除
	右揃えへの変更，解除
	両端揃え（左右の余白に合わせて，文を表示）への変更，解除
	均等割り付け（文字を等間隔に配置）への変更，解除
	行間と段落間の変更
	文の背景色の変更
	文字へ罫線（けいせん）を付加

6.4.3　文書全体に対する設定

余白の大きさをどれくらいにするか，用紙サイズをどれにするかといったような文書全体に対する変更を行いたい場合は，メニューの「レイアウト」タブの機能を利用する（図6.4.4）.「レイアウト」タブのリボンには，用紙サイズ，余白，縦書きと横書き，原稿用紙（マス目が表示される），インデント等の設定ができる項目がそろっている．一括設定をする場合はフォントや段落と同様，「ページ設定」リボン右下のダイアログ起動ツールをクリックする（図6.4.5）.

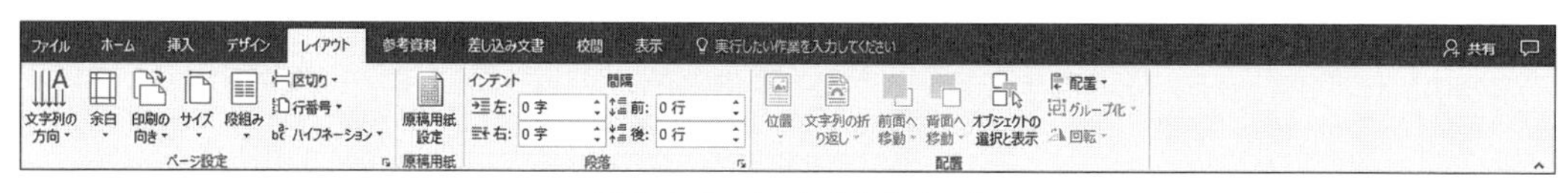

図6.4.4　レイアウトタブ

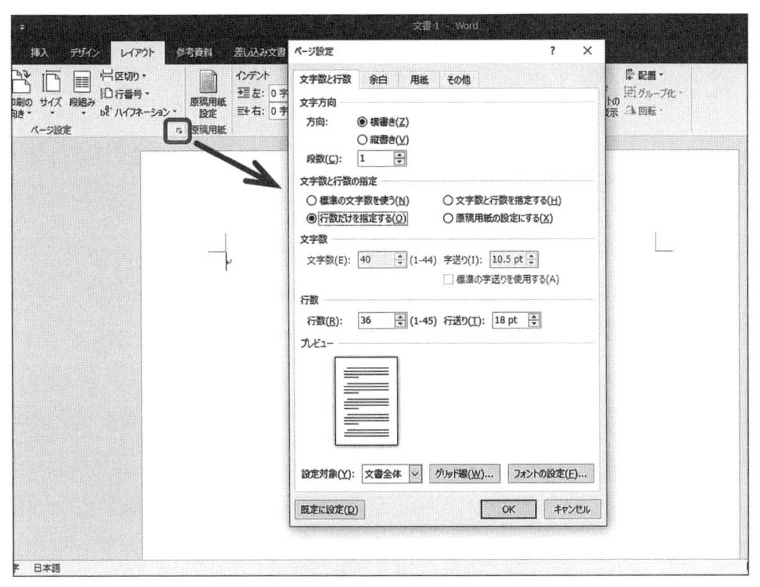

図 6.4.5　ページ設定のダイアログ起動ツール

フォントや段落，文書設定においてよく使われる項目は，文書上で右クリックしても現れるので，適宜利用するとよい．

6.4.4　テンプレートの利用

Word にはあらかじめ，字体や文書体裁のテンプレート（レイアウトの雛形）が備えられていて，それを利用することも可能である．字体等の体裁については「ホーム」タブの「スタイル」リボンを用いる（図 6.4.6）．また，文書全体の体裁についてはメニューの「デザイン」タブの機能を利用する（図 6.4.7）．またテンプレートを自らが作成することもでき，保存の際に「Word テンプレート」として保存すると自作テンプレートとすることができる．

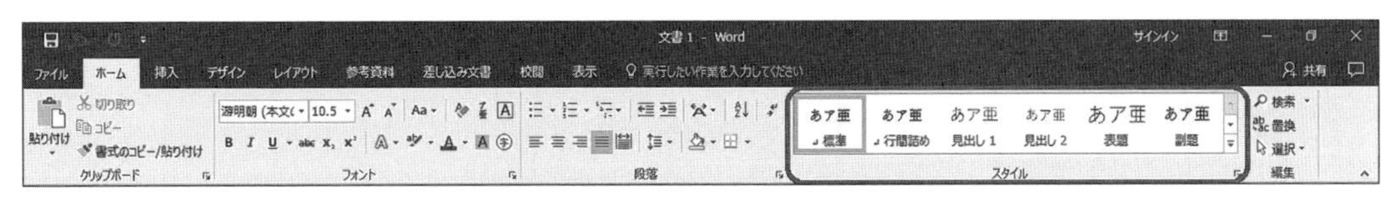

図 6.4.6　ホームタブのスタイル

図 6.4.7　デザインタブ

6.5 オブジェクトの挿入

文書作成においては，文字や数字だけでなく，オブジェクト（表，図形，写真等）を挿入しなければならない時がある．オブジェクトを文書内に挿入するためには，メニューの「挿入」タブにある機能を利用する．

6.5.1 Word独自のオブジェクトの挿入

Wordには独自のオブジェクトが備えられていて，図形，アイコン，ワードアート等がそれにあたる．これらはあらかじめ決まった形や書式のオブジェクトである．図形を文書内に挿入するためには，メニューの「挿入」タブのリボンにある「図形」をクリックする．すると，図形の一覧が画面に表示されるので（図6.5.1），描きたい図形を選択後，マウスで描画する．図形は，そのほとんどがあらかじめ形が決まっているものであるが，線に限り，フリーハンドで自由に書くこともできる（図6.5.2）．

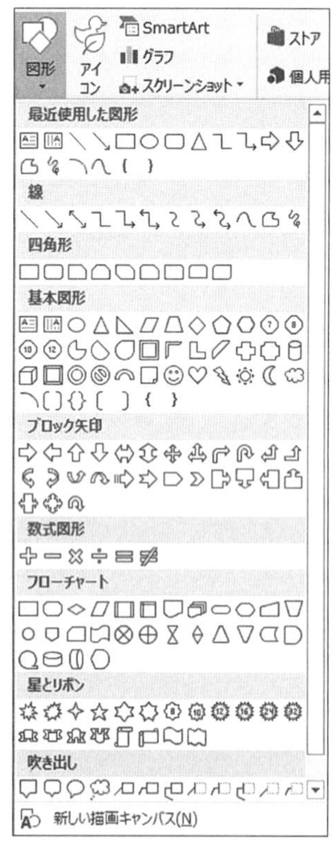

図6.5.1　図形の挿入

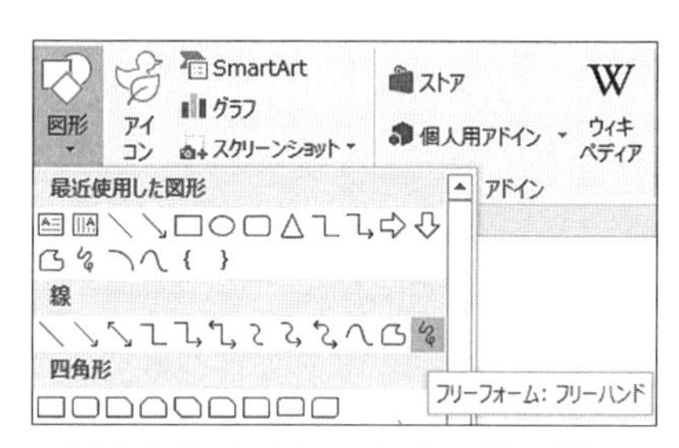

図6.5.2　フリーハンドで線の描画

図形の描画後，図形が選択されている時，メニューに描画ツール「書式」という図形専用のタブが表示される（図6.5.3）．このタブのリボンにおいて，図形の線の太さ，色，塗りつぶし等の変更をすることが可能である（「図形のスタイル」リボン）．また，図形にはアンカー記号とレイアウトオプションのアイコンが現れる．アンカー記号は図形の基準となる行の位置を意味する記号で，レイアウトオプションはテキストとの関係性を設定する項目である（文字列の折り返し）．アンカー記号は，基準の行の位置を表すものなので，例えば，図形をドラッグして，下の行へ移動させるとアンカー記号も移動する（図 6.5.4）．レイアウトオプションについては，以降で詳しく解説する．描画ツールの「書式」は描く図形次第で現れるリボンが変更されるので（図 6.5.5：円を描いた場合，「図形のスタイル」リボンが変更される），その図形に応じた設定を行うことが可能である．

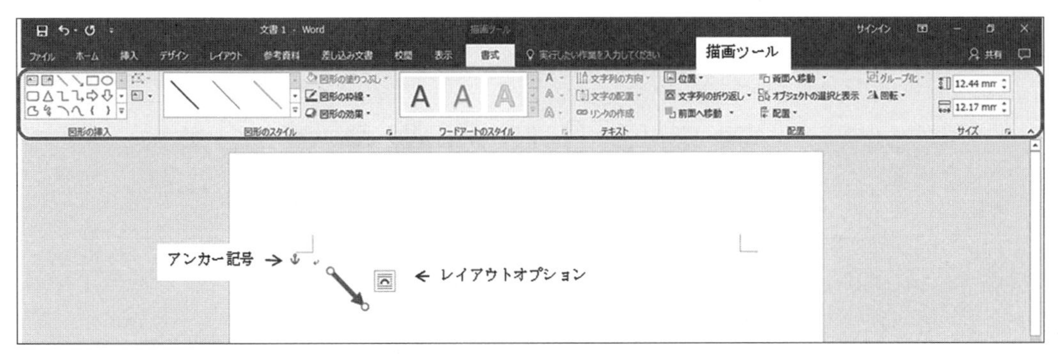

図 6.5.3　描画ツールの書式タブ

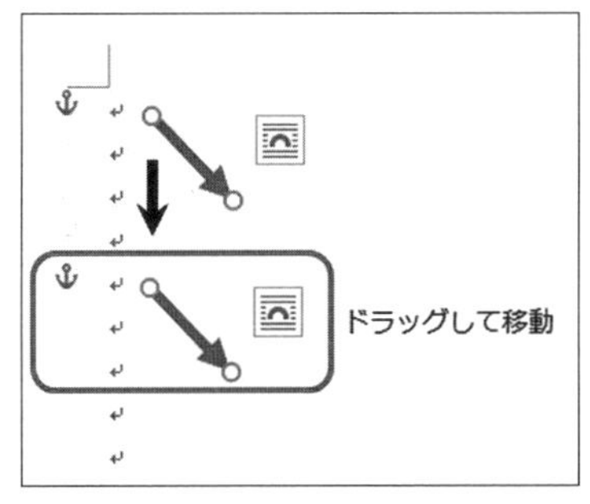

図 6.5.4　アンカー記号とレイアウトオプション

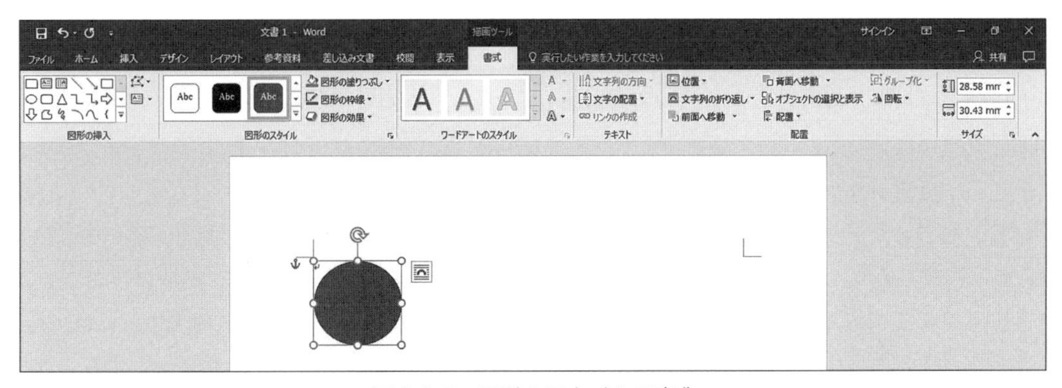

図 6.5.5　図形のスタイルの変化

図形以外にもアイコンという特殊なイラスト画像を挿入することができる[2]．挿入タブの「図」リボンの「アイコン」をクリックし，挿入したいイラストを一覧表から選択する（図 6.5.6）．

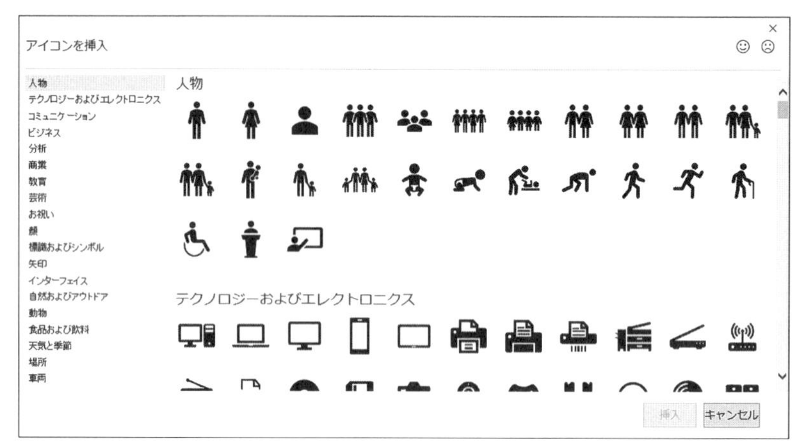

図 6.5.6　アイコン一覧

ポスターのタイトル等を作成したい場合，文字を特別に強調して視覚的な効果を持たせる効果を持つワードアートを利用する．「テキスト」リボン内にある，青色のアルファベットの A が少し傾いたようなボタンをクリックすると（図 6.5.7），スタイルの一覧表が表示されるので，任意のスタイルを選択すると，文書内にワードアートのテキスト入力画面が表示される．

これらの他，文書内の行の制約に関係なく自由な位置に文を入力したい場合は，「テキストボックス」を挿入すると良い．「テキスト」リボンの「テキストボックス」をクリックして，テンプレート，横書きあるいは縦書きを選択した後，任意の位置にマウスのポインタを置き，クリックして文を入力する（図 6.5.8）．初期状態ではボックス（枠線が表示される）の状態だが，記述後に枠線等は消すことが可能で，行の位置の制約に関わらず文を記述できるので，覚えておくと便利である．

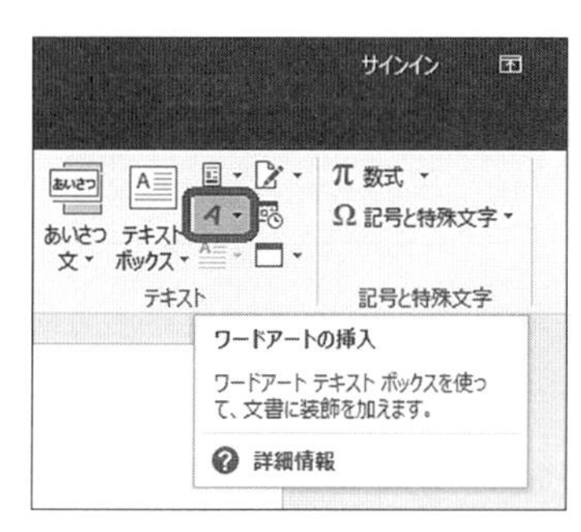

図 6.5.7　ワードアートの挿入

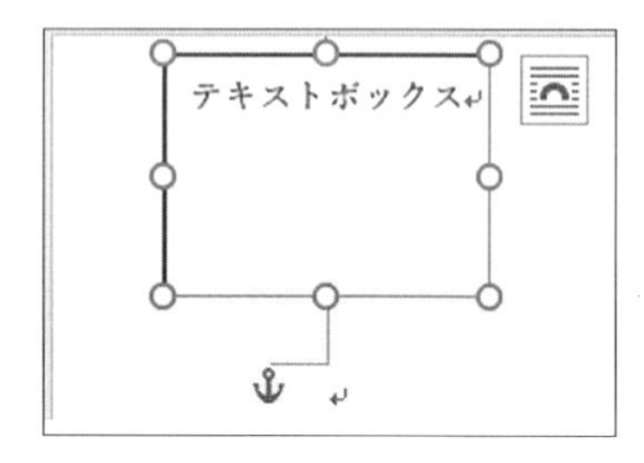

図 6.5.8　テキストボックス

6.5.2　外部データオブジェクトの挿入

自分が撮影したデジタル画像や PC 内に保存している画像を挿入する場合には，「図」リボンの「画像」をクリックし，挿入したい画像ファイル等を選択することで，文書内に貼り付けることができる（図 6.5.9）．また，インターネット上の画像等外部ファイルを文書内に挿入するには，「オンライン画像」をクリックし，貼り付けたい画像を選択して「挿入」ボタンをクリックする．これ

[2] 2017 年のアップグレードで追加された機能であり，アップグレードしないパッケージには付加されていない．

は Microsoft 社の検索サイト Bing の画像検索機能を利用したものである．このように，インターネットの利用を想定した機能が Word にはあり，ウィキペディアやオンラインビデオは（「アドイン」と「メディア」リボン），ウィキペディアや YouTube 等から検索したものを文書内に挿入できるので，必要に応じて利用するとよい．挿入したいオブジェクトが別の Window 窓上に表示されている場合は，対象となるオブジェクトをコピーして Word 文書内に貼り付けることで挿入できる場合もある．

図 6.5.9 画像の挿入

6.5.3 表の挿入

文書内に表を挿入する場合は，「挿入」タブの「表」をクリックする．最初に，挿入したい表が何行×何列を決めた後（マウスでドラッグ），挿入することができる（図 6.5.10：3 行×5 列の表を挿入した）．表の横方向を行，縦方向を列と言う．また，「表」リボンで表示されるメニューの「表の挿入」を選ぶと，行と列の数を，数値で入力して表を挿入することができる．この他，「罫線を引く」を選ぶと，マウスのポインタが鉛筆のような形になり，罫線をフリーハンドで記入することも可能である．作表すると，メニューに表ツールの「デザイン」と「レイアウト」の 2 つのタブが新たに加わるので，それらのタブの機能を利用して，表のデザイン（罫線の太さ等）や細かな設定（表の大きさやセルの分割の作業等）を決めることができる．Word の表の機能は次章（第 7 章）で解説する Excel とは異なり，作表の機能だけなので，計算等の作業をすることはできない．

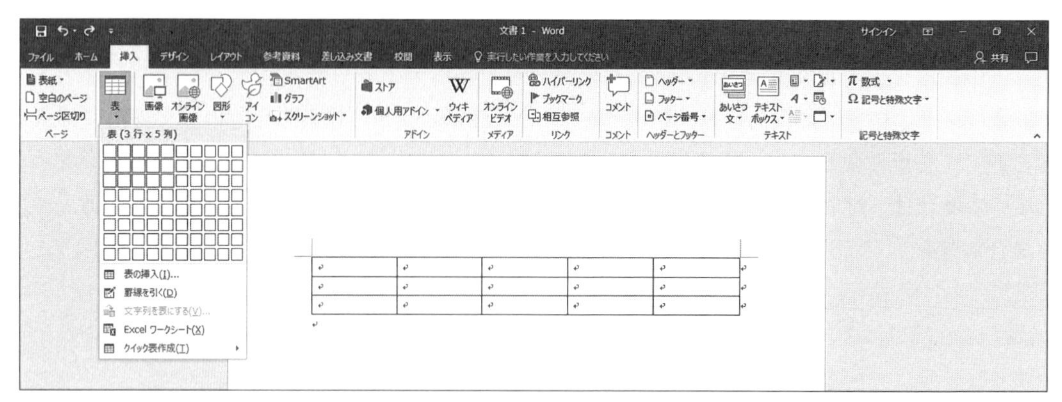

図 6.5.10　表の挿入

6.5.4　数式の挿入

「挿入」タブの右端にある「数式」をクリックすると，特殊な記号を含む数式を挿入することができる．Word では，数式は分数や特殊な記号で表示されるため，オブジェクトの一つとして扱われる．数式を入力する際，数式ツールの「デザイン」というタブが現れるので（図 6.5.11），そのリボンにある機能を利用して，数式の記述に用いられる特殊な記号やギリシャ文字等を入力する．数式の挿入では，これまでの Word にはなかった Word 2016 の新機能として，手書き入力機能が付加された．数式ツールの「デザイン」の左側にある「ツール」リボンの「インク数式」をクリックすると，IME パッドと同じようなパレットが現れる．パレット内にフリーハンドで数式を入力すると，整形した数式が上部に表示されるので（図 6.5.12），問題がなければ右下にある「挿入」をクリックすることによって，数式の入力を行うことができる．

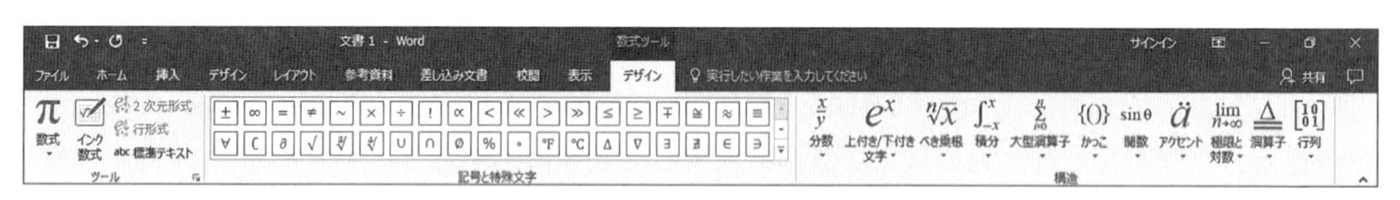

図 6.5.11　数式ツールのデザインタブ

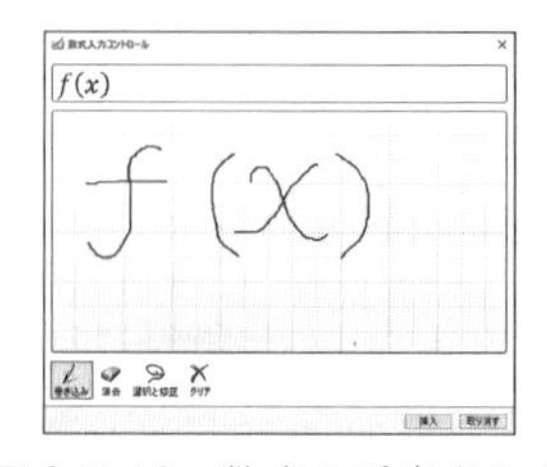

図 6.5.12　数式の手書き入力

6.6　オブジェクトと文，オブジェクト同士の関係

本節では文書全体の体裁やレイアウトを決めるために重要な，オブジェクトと文，またはオブジェクト同士の関係性を決める方法について解説する．

6.6.1　オブジェクトと文の関係

Word は，文字を決められた型（文字数，行数，余白等が決まった型）に従って入力し，文書を作成する，という機能が主たる部分である．これに対して，文字とは異なる，図形や図，表等は文とは異なる性質を持つオブジェクトとみなし，文字と別個に扱う．文字とオブジェクトとは質が異なるため，文書内でそれらを扱うためには文とオブジェクトの関係性を決める必要がある．

文とオブジェクトの関係を決めるには，対象となるオブジェクトが選択されている場合に可能である．その方法は複数ある．オブジェクトを選択した時に右横に表示される「レイアウトオプション」アイコンをクリックするか，オブジェクトを選択した時に現れるタブのリボンにある「文字列の折り返し」を選択する（図 6.6.1）．あるいは，メニューの「レイアウト」タブに「文字列の折り返し」がある（図 6.6.2）．加えて，オブジェクトを選んで右クリックした場合に出るメニューの中にも「文字列の折り返し」がある（図 6.6.3）ので，どれを選択してもよい．文字列の折り返しとは，文とオブジェクトの関係を決めるものであり，その項目には「行内」，「四角形」，「狭く」，「内部」，「上下」，「背面」，「前面」がある（図 6.6.4）．「行内」以外は文字ではないオブジェクトとして扱う．表 6.6.1 に項目の詳細を要約する．

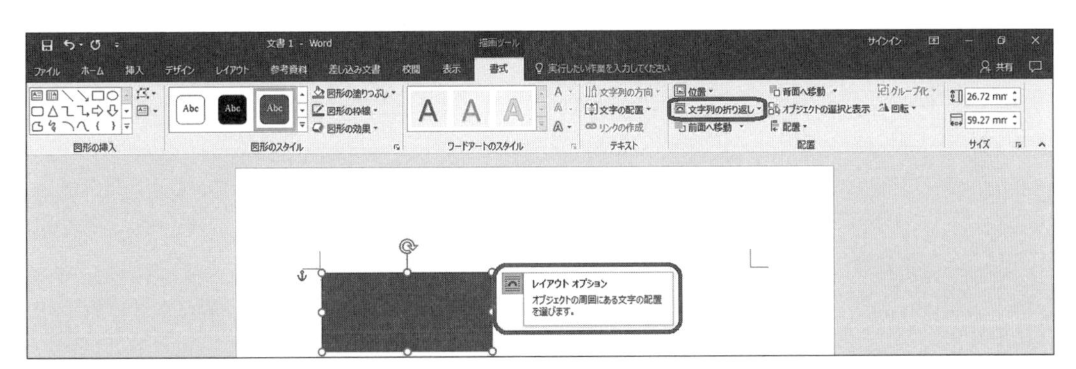

図 6.6.1　レイアウトオプションと書式タブの文字列の折り返し

図 6.6.2　レイアウトタブの文字列の折り返し

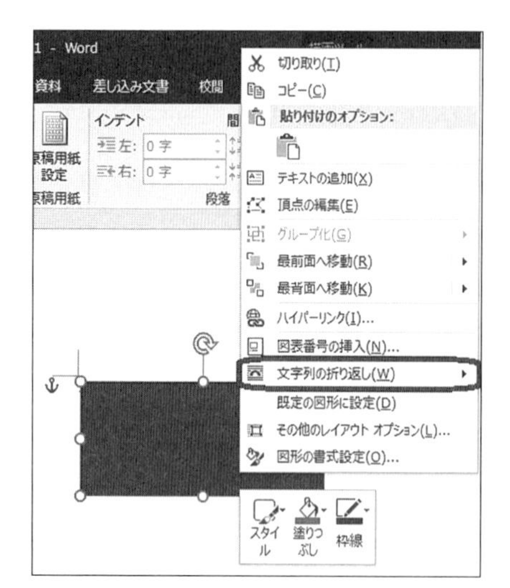

図6.6.3　右クリックによる文字列の折り返し

図6.6.4　文字列の折り返しの項目

図6.6.4にある「折り返し点の編集」で折り返し点（オブジェクトと文章の境界線を決める）の編集を行うことができる．折り返し点をマウスでドラッグすることによって，画像の一部だけに文章を重ねる等，詳細なレイアウト設定が可能である．

表 6.6.1　折り返し項目の詳細

行　内	オブジェクト自体を行内の 1 文字として扱う．	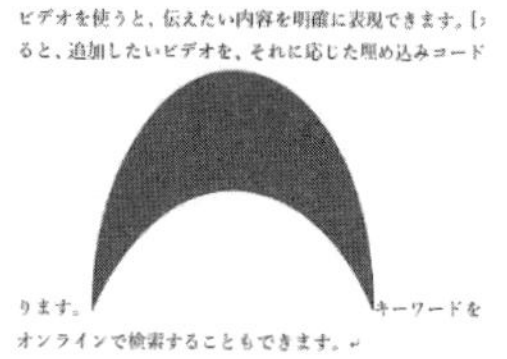
四角形	オブジェクトを四角の物体としてとらえ，文字がその四角をよけて配置される．	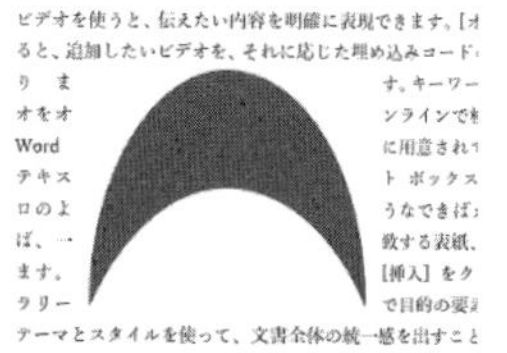
狭　く	オブジェクト本体の図柄に沿って文字がよけて配置される．以前の Word の「外周」と同じ．	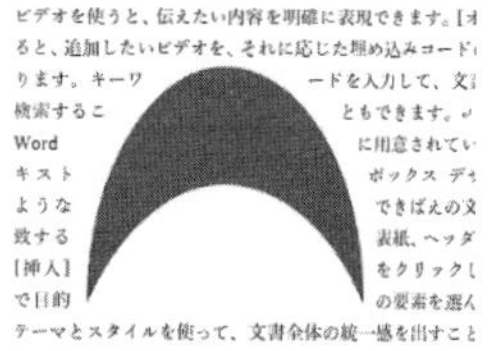
内　部	上の「狭く」と似ているが，文字の折り返し点（編集可能）に沿って文字が配置される．	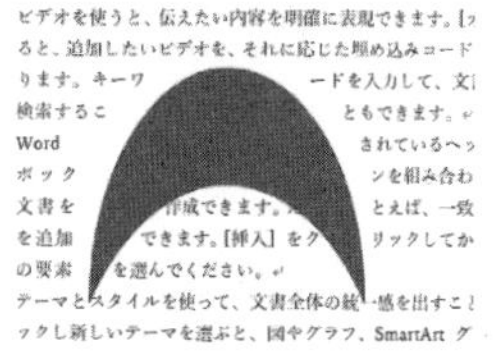
上　下	オブジェクトの上下に文字が配置される．	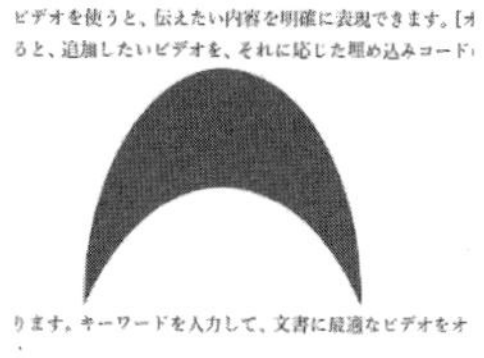
背　面	オブジェクトが文字の背面（背景として）に置かれ，文字の配置には影響しない．	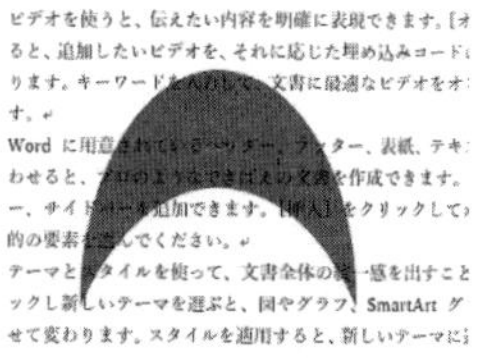
前　面	文字の前面にオブジェクトを置く．このため，オブジェクトに文字が隠れる状態になる．	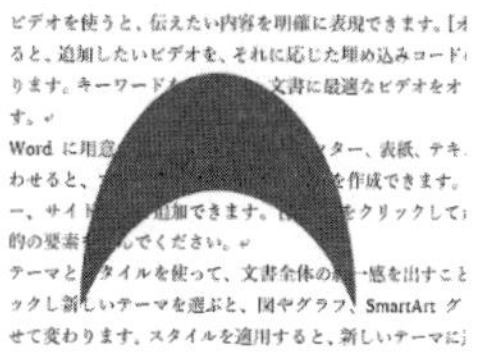

6.6.2 オブジェクト同士の関係性

オブジェクト同士が重なるような場合，Wordでは手前側と奥側でオブジェクトの位置を決めることができる．図6.6.5では四角，円，三角の3つのオブジェクトがあるが，四角は一番奥側にあるオブジェクトなので，最背面にある図形となる．これに対して，三角は最も手前に位置するオブジェクトなので，最前面にある図形となり，円については，最背面と最前面の間にある図形となる．これら位置の関係性は，変更することが可能であり，オブジェクトを選択している時に現れるタブの「配置」リボンを利用する．手前に1つだけ位置を変更したい場合は「前面へ移動」，奥へ変更する場合は「背面へ移動」をクリックする（図6.6.6）．また，これらのボタンの右横にある矢印をクリックすると，「最前面へ移動」や「最背面へ移動」することができる．位置の変更は，マウスを右クリックして現れるメニューにも入っているので，それを利用しても構わない．

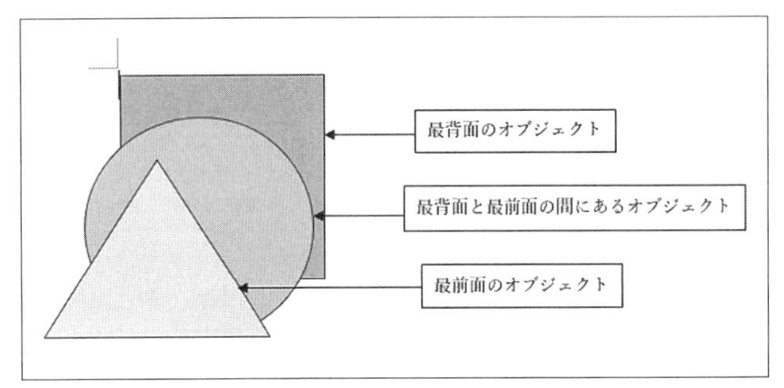

図6.6.5　オブジェクト同士の位置関係

図6.6.6　オブジェクト同士の位置の変更

「配置」リボンには，この他にも「位置」，「配置」，「回転」といったオブジェクトの位置を変更（コンピュータに自動で変更させる）したり，回転させたりする機能も備わっている．

複数のオブジェクトは初め，それぞれ個々異なるモノとして扱われるが，場合によっては，複数のオブジェクトを1つのオブジェクトとして扱いたい時がある．例えば，複数のオブジェクトの位置を同じように変更するような場合である．オブジェクトが多い場合，それぞれのオブジェクトを一つ一つ変更するのでは作業に時間がかかってしまう．これゆえ，複数のオブジェクトを1つのオブジェクトとみなすことができる．まず，複数のオブジェクトを選択し（Ctrlキーを押しながら選択する），「配置」リボンの「グループ化」を行うと（図6.6.7），選択したオブジェクトを1つのオブジェクトとしてみなすことができる（図6.6.8）．「グループ化」はオブジェクトを選択した状態で右クリックしても行える．

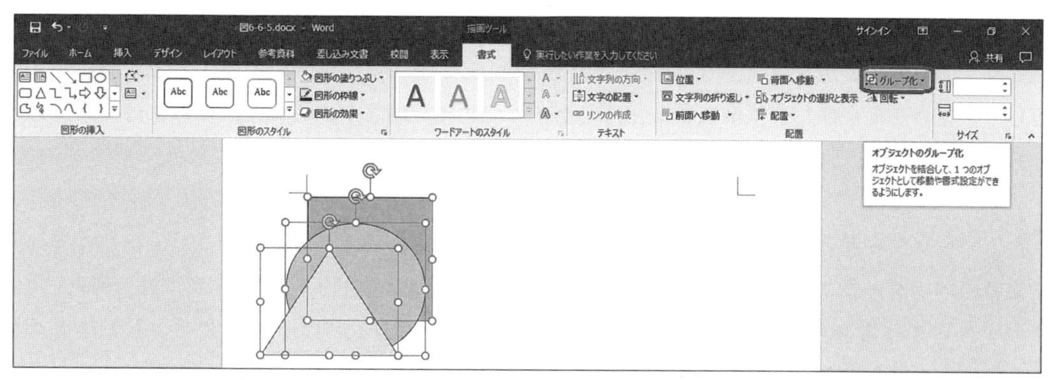

図 6.6.7　複数オブジェクトの選択

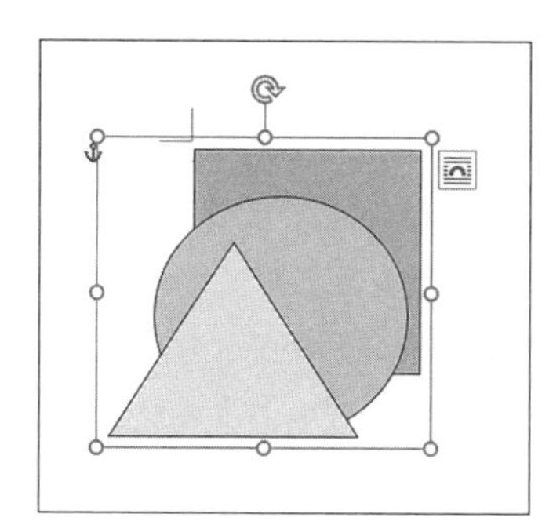

図 6.6.8　複数オブジェクトのグループ化

6.7 その他の重要な機能

前節までに述べてきた機能が Word の主要な部分であるが，ふれることのできなかった検索や置換，ヘッダーとフッターの編集等について解説する．

6.7.1 検索と置換

検索機能は，どちらかと言えば，長い文章を扱う時に有用である．「ホーム」タブ右側にある「編集」リボンを用いる．「検索」をクリックして，単語を入力すると（画面左側に表示される欄に入力），文章内にその語と合致する語がある場合，その語に蛍光ペンのようにマーカーがつけられて表示される．自分が作成した文書であれば，どこかで記述したが忘れてしまったような場合，他人の文書であれば，重要な語に関する記述をすぐに見つけたい場合に有効な機能である．

置換機能も長い文章を扱う際に用いる．何十ページもあるような文章を記述する場合，例えば，「コンピューター」と書いた部分と「コンピュータ」とした部分があり，どちらかに統一させる必要

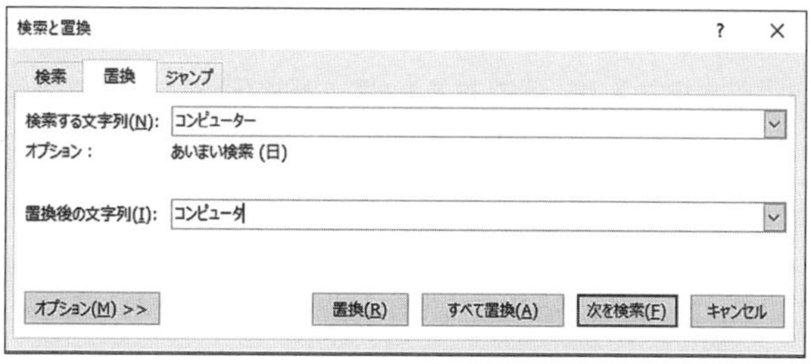

図 6.7.1　検索と置換

がある場合に,「コンピューター」を「コンピュータ」に置き換えると, 自らが文書内を隈なく探して書き換える必要がない（図6.7.1). ただし,「京都」を「京都市」に置換するような場合, 意図していない「東京都」が「東京都市」に変更されてしまう場合があるので, 操作には注意が必要である.

6.7.2　ヘッダーとフッターの編集

文書のヘッダーとフッター（ページ上下部の余白に記述する文書）を編集するには,「挿入」タブの「ヘッダーとフッター」リボンを用いる.「ヘッダー」あるいは「フッター」をクリックして, それらを編集することができる. 紙面に日付やページ番号を入力する場合に有効である.

6.7.3　セクション区切りとページ区切り

長い文章を書く場合, 書式を変更したい, 例えば, 途中のある部分だけ2段組みで文章を書きたいといったような時がある. そのような場合は,「セクション区切り」を用いる.「セクション区切り」は書式をクリアして新たな書式で文章を記述するための機能である. 例えば, フッターにページ番号を指定すると, 通して最後までページ番号がふられるが, セクション区切りを挿入するとクリアされる. これに対して「ページ区切り」は単にページを改ページするだけであり, 書式は継続される.「レイアウト」タブの「ページ設定」リボンにある「区切り」で行うことができる.

6.8　より良い文章を書くために

本章の最後に, より良い文章の書き方に関してふれておきたい. しかし, 本書ではPCに関する知識や情報通信ネットワークに関する知識, Officeの使用方法を解説することが主な目的であり, 文書作成ソフトに付随する知識として, 概略的な部分のみ言及する. より良い文章を書くための方法を解説している書物はたくさんあるので, 詳細はそちらに任せたい. また, 以下で解説することは学術的な文章（大学でのレポートや論文等）を書くためのものであることを, あらかじめ断っておきたい. 例えば, 小説やエッセイ等の文章技術は, 様々なエッセンスがあるので, 以下で述べることは必ずしもあてはまらない.

6.8.1　文章を作成する時に注意すべき点

より良い（わかりやすく説得力のある）文章を書くには, 以下の点に注意してもらいたい.

・「ですます」調,「である」調, どちらかに統一する

語尾の調である. 当たり前のことであるが, 語調が統一されていない文章（レポート）を時々見かける. 例えば, このパラグラフが以下のように書かれていたならば, どう感じるだろうか.

「語尾の調である. 当たり前のことですが, 語調が統一されていない文章（レポート）を筆者は時々見かける.」

上の文章に違和感を感じることが, より良い文章を書くための第一歩である.

・読者がどういった人か予想する

レポートを評価する教員か，それとも同じグループ内の仲間か，同じ研究分野の人か，それとも一定程度の不特定多数の人か等を判断する．それによって言及しなければならない事項が変わってくるからである．例えば，以下の文章を本書で記述したとする．

「プロキシ環境を整えると，パケットのフィルタリングや通信速度の高速化，キャッシュの増大，匿名性等の有用な効果を得ることができる．」

本書の読者の方々で，この文を理解できる方は多くないと思う．多くの読者は何のことかわからないだろう．それでは以下の文章ならばどうだろうか．

「マウスの左ボタンをダブルクリックすると，それがファイルの場合はファイルの中身（内容）が表示され，フォルダの場合はフォルダの中身が表示される．右ボタンをクリックするとそのファイルやフォルダに対する作業一覧メニュー（切り取りやコピー等）が表示される．」

この文章はほとんどの読者が理解できるだろう．ただ，これは誰でも当たり前に知っていることであり，こういった一節を述べて本書の読者が満足するだろうか．逆に，そんなことは知っているので，必要ないと思われる人もいると思う．つまり，文章の読者が理解できないような内容はもちろんであるが，逆に既に理解できていると思われる内容もあまり良くない．読者を予想し，内容として何が最適かを考えることが重要である．

読み手を意識することは当然と同感する方は多いと思うが，意識せずとも軽んじてしまう場合がある．例えば，レポートで「PC の５大装置を述べ，詳しく説明せよ」というテーマに対するレポートを書く場合，レポートの冒頭で以下のような論述をたびたび見かける．

> PC は人が生活する上で，必須の機器である．インターネットで情報を確認することが当然になっている現在，PC はなくてはならない．
>
> ～中略～
>
> このように PC は現在社会において，必要不可欠であるが，その構造について知っている人は意外に少ない．これゆえ，本レポートでは PC の５大装置について述べていく．

レポート等学術的な文章には，必ず導入的な一節が必要であると，何となくぼやっとした固定観念があるのはわからないでもないが，このレポートを読む人が，レポート添削者だけだとすると，レポート冒頭の前置き的なイントロダクションは必要だろうか．もちろん，どういったテーマか何も知らない人が読むのであれば，良いだろうが，読む人は「PC の５大装置を述べ，詳しく説明せよ」という設題に対するレポートだとわかった上で読むわけである．したがって，このイントロダクションの部分は不必要である．こういう例からも，読者を意識して文章を作成しなければならないことの意味が理解できると思う．

・パラグラフ（段落）内の構成を考える

1つの段落を構成する要素を考えることである．まず，段落の最初の一文にTopic Sentenceという文を記述し，その後に続く文章にSupporting Detailという文を記述する．これは元来，英文の学術的文章の書き方の基本理論だが，日本語の文章にも適用できる．Topic Sentenceはそのパラグラフの内容をまとめる一文であり，Supporting DetailとはTopic Sentenceをサポートする内容，すなわち，Topic Sentenceの詳細やそれが成立する理由および証拠等を記述する．パラグラフ内で理論や経過の進展がある場合は，こう結論付けるという意味の文章を最終的に記述しても構わない．

ただし，このように説明しても，よくわからないと思うので，次に具体的な例を挙げる．1つの段落の文章だと思って読んでいただきたい．どちらが，より良い文章であるだろうか．

＜例1＞

「PCはハードウェアとソフトウェアからなる装置である．ハードウェアは5大装置と言われる装置で構成される物理的な機器のことを言い，ソフトウェアは一見して目に見えないが，ハードウェアを操作するプログラムのことを指す．PCはハードウェアとソフトウェア両方があって，機能するものである．」

＜例2＞

「ハードウェアは5大装置と言われる装置で構成される物理的な機器のことを言い，ソフトウェアは一見して目に見えないが，ハードウェアを操作するプログラムのことを指す．PCはハードウェアとソフトウェア両方があって機能するので，PCはハードウェアとソフトウェアからなる装置である．」

どちらが良い文章かと言うならば，＜例1＞である（ただし，学術的な文章を想定していることを忘れないでほしい）．＜例1＞の文章は最初に「PCはハードウェアとソフトウェアからなる装置である．」という段落をまとめる意味の文章があり（Topic Sentence），以降，それに対する詳細な説明（Supporting Detail）が続く．一方，＜例2＞は最初の文章からは次の展開がよくわからない．読み手からすれば，以降どうなるかわからない文章である．物語や小説等では有効な手法だが，学術的な文章ではNGである．最初の一文で，この段落では何を述べるのかを記述し，以降，その詳細を述べるような段落構成を心掛けるべきである．例えば，新聞の記事の文章を読んでみてほしい．段落の最初の一文は必ずTopic Sentenceである．

演習問題

1　タイピング技術を問う問題

Word に以下の文章を入力しなさい（2017 年 2 月 23 日，読売新聞朝刊社説より）．以下の文章を 10 分で打てるようなら，パソコン検定 1 級程度の実力がある（約 1000 字）．

社説

不安をあおる言説は慎みたい

組織犯罪を起こす意思のない人には，無縁の罪だ．政府はその点を丁寧に説明すべきである．組織犯罪処罰法を改正して創設するテロ準備罪の対象に関し，政府が衆院予算委員会で見解を示した．

一般団体であっても，「目的が犯罪を実行する団体に一変した」場合には組織的犯罪集団として罪が適用される，というものだ．

宗教法人のオウム真理教が，地下鉄サリン事件を引き起こした．安倍首相は「犯罪集団として一変したわけだから，その人たちは一般人であるわけがない」と説明した．もっともな認識である．

疑問なのは，民進党などが「一般市民は対象にならないと言ってきたことと矛盾する」と反発している点だ．「共謀罪」法案と同様，テロ準備罪も人権侵害の恐れが強いと印象付ける狙いだろう．

共謀罪と異なり，適用対象は組織的犯罪集団に限られる．罪の成立には，犯行計画に加え，資金調達など，具体的な準備行為の存在が必要となる．適用範囲がなし崩し的に拡大するかのような言説は無用な不安を煽るだけだ．テロ準備罪の創設は，国際組織犯罪防止条約の加入に必要な法整備だ．条約は 2000 年の国連総会で採択され，翌年の米同時テロを経て，テロ集団やマフィアなどによる犯罪に立ち向かう国際的な礎として機能している．

既に 187 の国・地域が締結した．首相は「法を整備し，条約を締結できなければ，東京五輪・パラリンピックができないといっても過言ではない」と強調する．捜査共助や犯罪人引き渡しに支障が生じかねない今の状況は，一刻も早く改善せねばならない．野党の中には，現行法でも対処が可能だ，との声もある．果たしてそうだろうか．大量殺人を目的に殺傷能力の高い化学薬品の原料を入手したり，航空機テロのために航空券を予約したりした場合には，現行法の予備罪を適用できない恐れがある．

重要インフラの誤作動を狙ってコンピューターウイルスの開発に着手した場合には，未遂段階で取り締まる罪が存在しない．政府は，こうしたケースを想定する．

金田法相は，一般団体が重大犯罪を 1 回だけ実行することを決定しても，「組織的犯罪集団にはあたらない」との見解も示す．誤解を招かない説明が求められる．

政府は 3 月上旬にも改正法案を国会に提出する．国民の安全を守るため，法の穴をなくし，重大犯罪の芽を摘まねばならない．

2　文書のレイアウト設定技術を問う問題

以下の文を記述しなさい．

平成２９年６月１５日

山田通信株式会社
　山田　太郎　様

佐藤コンピュータ株式会社
広報課長　佐藤　二郎

夏期体験セミナーのお知らせ

拝啓　初夏の候、ますますご活躍のことと存じます。

さて、このたび夏休みを利用して普段体験できないような物づくり教室を開催することになりました。

つきましては、この機会にぜひ参加いただきますよう案内申し上げます。

敬　具

記

１．日　　　時　平成２９年８月１日・５日・６日・１０日

２．場　　　所　地域コミュニティ広場

３．時間と内容

開催日	時間	内容
１日	１０：００～	オリジナルキャンドルを作ろう
５日	１０：００～	初めての陶芸教室
６日	１３：００～	フラワーアレンジメント
１０日	１３：００～	かわいいハガキを作ろう

以　上

3　文書に対してオブジェクトを配置する技術を問う問題

以下のような，オブジェクトを配置したポスター，あるいは広告に類する文書を作成しなさい（以下の例では，画像（山）と図形のみしか用いていない）.

第7章

Excel 2016の操作方法

表計算ソフトは，表の作成，計算，データの分析等を行うためのソフトであり，実用性の面からも価値は高い．例えば，10個の数値の合計を算出したい時，電卓を使うと簡単に算出できる．では，1000個の数値の合計を算出したい時，電卓を使って算出すると簡単に算出できる，と言えるだろうか．一般的な電卓では，入力のミスがあると最初からやり直さなければならない．また，1000個の数値を電卓で打つ作業過程で，今何番目の数値の計算をしているか，わからなくなってしまうことがないとも言い切れない．表計算ソフトでは，1000個の数値の入力作業は電卓と同じだが，計算は秒単位で行うことができる．そして，ミスがあっても最小限の労力で修正できる．表計算ソフトの操作を学習することは，決して無駄なことではなく，覚えておいて損はない．本章ではOfficeの表計算ソフトExcel 2016の使用法について解説する．

Officeソフトすべて，一部クラウド化し，それに伴うサービスが利用可能である．第6章で解説しているので，本章で改めて解説することは避ける．必要ならば前章を読んで確認していただきたい．

Excelが持つ主な機能は以下の3つである．

1．作表をすることができる．

2．計算を行うことができる．

3．グラフを作成することができる．

この他，データベースとしての機能もあるが，主要な部分は表と計算，グラフ作成を行うことである．以下では，これらの機能別にExcelの使用法を解説する．補足となるが，Excel 2016では，新たにグラフの種類が増え，データベース機能がより充実した．しかし，これらは少し高度な機能なので，紹介程度にとどめる．

7.1 Excelの基本操作

Excelは表計算ソフトなので，Wordのような文書作成ソフトとは操作画面（インターフェース）が異なる．ここではExcelの基本操作について解説する．

7.1.1 Excelの起動

Excelを起動すると，Wordと同様にテンプレート（あらかじめ決まった書式）を選ぶ画面が表示される（図7.1.1）．「空白のブック」を選ぶと，図7.1.2のような画面が現れる．Wordと同じように，上部にはクイックアクセスツールバー，メニューバー，リボンが表示される．クイックアクセスツールバーやリボンについては，一部Wordと同じものもある．前章と重複する部分については省略したい．また，メニューの「ファイル」の機能等（ファイルを開く，保存する等）についても，説明しなくても良いと思うので割愛する．

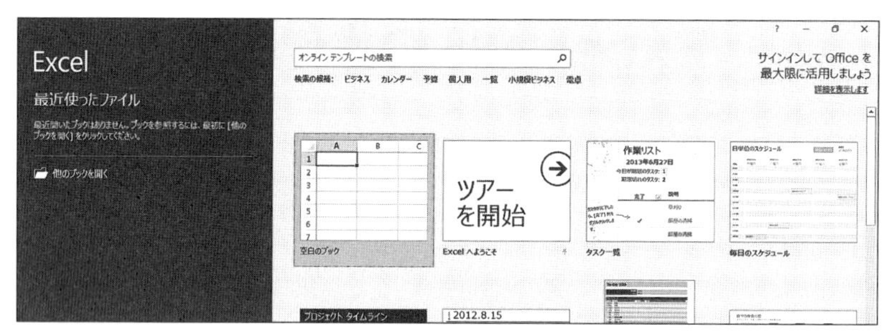

図 7.1.1　Excel の起動画面

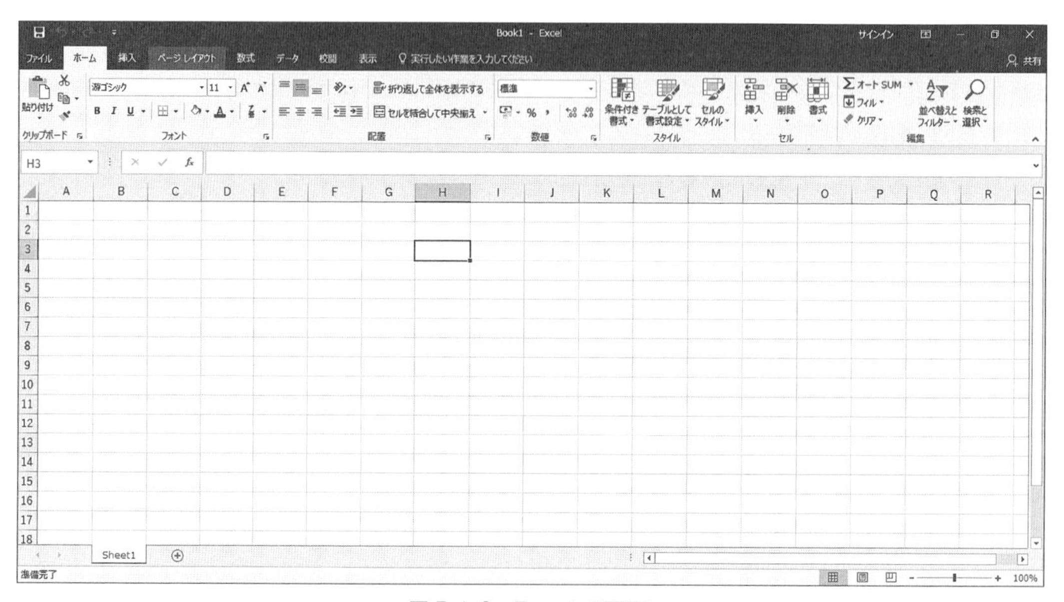

図 7.1.2　Excel の画面

7.1.2　Excel の特徴

Excel の入力画面は Word と異なり，マス目が入っている表のような画面である．この表のような画面をシート（ワークシート）という（図 7.1.3：シートを追加した計 3 枚のシート）．シートが複数集まったもの（1 シートでも構わない）をブックといい，ブックは Excel の一つのファイルを意味する（図 7.1.4）．

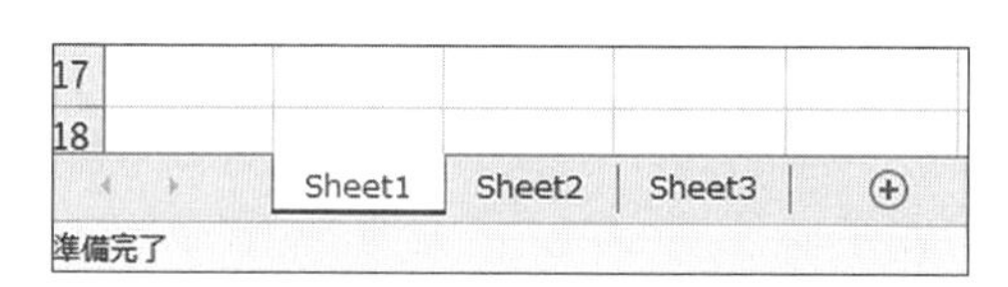

図 7.1.3　ワークシート

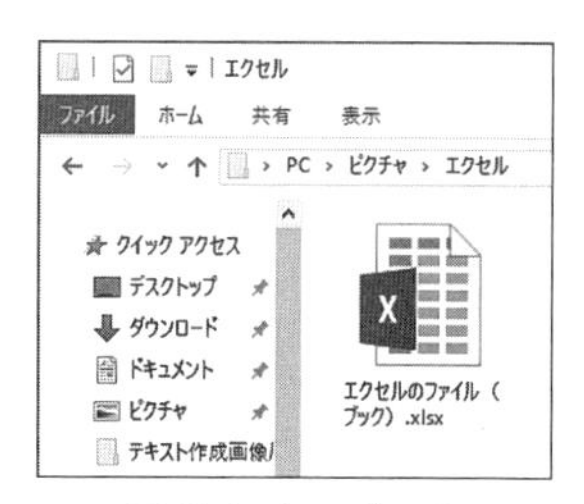

図 7.1.4　ブック

Excelは表計算ソフトなので，表のような画面が特徴で，表の横方向（数字で区別されている）を行といい，縦方向（アルファベットで区別されている）を列という．小さいマス目の1つをセルといい，図7.1.2ではH3（H列の3行目）のセルが選択されている状態となる．重要な点は，Excelではセル，行，列，シートが操作の1つの単位として扱われることである．例えば，1つのセルをクリックするとセルの選択，それぞれの行や列を選択したい場合は，左横にある行番号のボタン，あるいは上部にあるアルファベットの記号のボタンをクリックする．シート全体を選択したい場合は左上隅にあるボタン（1行A列に挟まれたボタン）をクリックする．「ホーム」タブの「セル」リボンにあるボタンは「挿入」や「削除」の機能を持つが，セル，行，列，シート単位でマス目や表の挿入あるいは削除ができる（マウス右クリックでも一部可能である）．すなわち，繰り返しになるが，Excelでの操作は基本的にはセル，行，列，シートに対して行うことになる．

縦横にうすくひかれている罫線のようなものは，操作する側がわかりやすいように表示されている線で，印刷しても線は印字されない．セルの大きさは，行列を区別する番号あるいはアルファベットのボタン幅の変更によって変えることができるが，行全体あるいは列全体を構成するセルの大きさを変更することになる（後述するセルの結合を行うと例外はある）．

セル1つ1つは独立した存在であり，Excelではセルに入力するという形をとる．セル内に文字や数字等を入力可能であるが，ExcelにもWordのオートコレクト機能と似たような（第6章参照）機能がある．例えば，(1)と入力すると－1と表示されたり，1/2と分数を入力すると日付になる．これはExcel特有の機能で，例えば，「()」で挟むと会計分野ではマイナスを意味するので，自動でマイナス表示する機能が働く．このように，入力した通りに表示されない特殊なケースはあるが（防ぐ方法については以降で解説する），基本的には文字や数字はすべて入力可能である．

前章で解説したWordは，ある決まった書式（文章のレイアウト：用紙サイズ，文字数，行数，余白の大きさ等）に従って文字や数字を入力するソフトであり，その書式に関係なく，いわば書式を無視して入力したい場合はオブジェクトとして扱う．Excelにおいてもセルに入力するという書式が基本形であり，その書式に関係なく入力したい場合は，やはりオブジェクトの挿入という形になる．

7.2 表の作成

Excelは表計算ソフトなので，表を作るための機能が充実している．本節では表を作成する操作について解説する．

7.2.1 データの入力

述べたように，Excelでは，セルに数字や文字を入力して表を作成する．1つのセルは独立しているので，入力した項目は1つのセルで完結する．初期状態（デフォルト）では，それが文字の場合はセル内において，左詰めで，数字の場合は右詰めで表示される（図7.2.1）．

	A	B
1	氏名	点数
2	山田	75
3	佐藤	80
4	鈴木	84
5	高山	78

図7.2.1 セルへの入力

Wordと同じように，入力した文字のフォントの種類や大きさ等を

「ホーム」タブの「フォント」リボンの機能を用いて変更することができる．また，初期状態で設定されているセル内の配置（文字は左詰め，半角数字は右詰め）も，「配置」リボンで変更可能である（図7.2.2）．これらの操作については，Wordと同じような機能で，操作できると思うので，本章で詳しく述べることは避けたい．

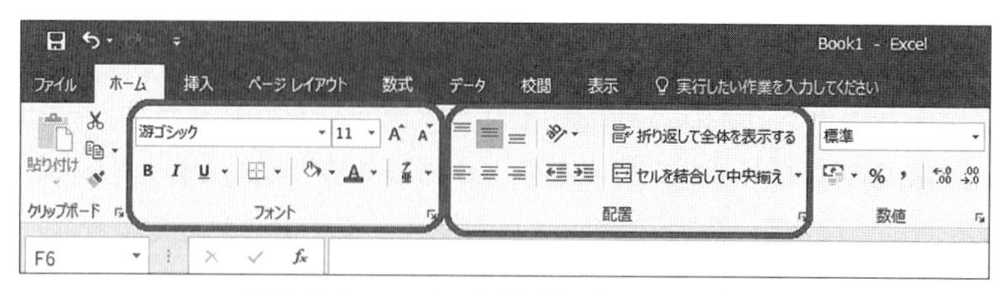

図7.2.2　フォントリボンと配置リボン

1つのセルを選択する場合は，当該セルを1回クリックする．複数のセルを選択するには左クリックしたままドラッグする[1]．ダブルクリックするとセル内にカーソルが現れ，セル内のコンテンツの編集モード状態になる．Excelでは，マウスのポインタは白抜きの十字で表示されるが，セルの境界線付近に重なると黒の矢印の十字に変わる（図7.2.3：強調するため大きさを変えている）．これはセルの移動モードを示し，この時左クリックしたままドラックすると，セルを移動させることができる．

	A	B
1	氏名	点数
2	山田	75
3	佐藤	80
4	鈴木	84
5	高山	78
6		

図7.2.3　セルの移動モード

セル内に入力した項目がExcel上で自動で変更される場合がある．例えば，前節で説明したようなカッコ数字がマイナスの数字で表示されたり，5.0と入力しても5と修正されるような場合である．入力した通りに表示させたい，あるいは表示の仕方を変えたい時は，「セルの書式設定」の機能を利用する．「ホーム」タブにある「セル」リボンの書式をクリックする（図7.2.4），あるいは右クリックでも「セルの書式設定」の項目が表示される（図7.2.5）．「セルの書式設定」では，「表示形式」タブでそのセル内にあるコンテンツ（文字や数字）に関する書式の設定を変更することが可能である（図7.2.6）．例えば，セル内に「0001」と入力しても「1」となってしまうが，「表示形式」を「文字」に変更すると「0001」と表示される．5.0を5と表示させたくない場合は，「表示形式」を数値に変更する．

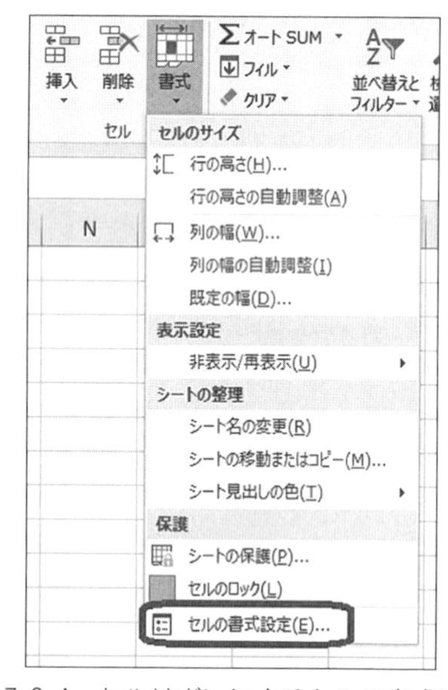

図7.2.4　セルリボンによるセルの書式設定

[1] Ctrl キーを押しながら選択すると，位置が離れたセルも同時に選択できる（覚えておくて便利である）．

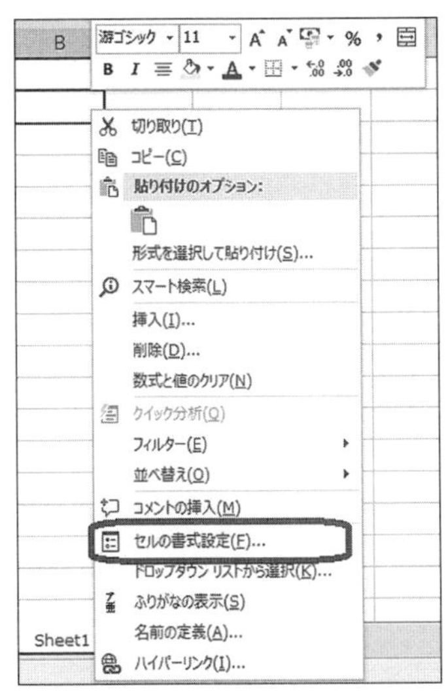

図 7.2.5　右クリックによるセルの書式設定

図 7.2.6　書式設定画面

7.2.2　データの自動入力（オートフィル）

Excel では連続データを自動で入力でき，それにはセル枠に対するマウス操作が必要となる．シート中の選択しているセルはセル枠が太く表示される．その枠の右下は小さい四角になっていて，これをフィルハンドルという．マウスのポインタをフィルハンドルと重ねると，マウスのポインタが黒の十字になるので，そのまま，縦方向（列）あるいは横方向（行）にドラッグすると，セル内にデータを自動入力できる．これをオートフィルといい，作表の作業を大幅に省力化できる．

キーボードからの入力なしでデータを入力できるので，便利な機能であるが，オートフィルを行う場合，選択セルに注意しなければならない．図 7.2.7 にあるように，ある一定規則に従った並びのデータを入力したい場合は，その規則をあらかじめ Excel に認識させるために複数のセルを選択して，オートフィルを実行しなければならない（図 7.2.7 の左：1 と 2 が入力されているセルを複数選択して，オートフィルした場合）．複数のセルを選択せずに，1 つのセルを選択して，オートフィルを行うと，同じ数を複数回入力することになる（図 7.2.7 の右：1 つのセルを選択してオートフィルを行った場合）[2]．

[2] この場合でも，オートフィルした際に出現するオートフィルオプションボタンをクリックして，連続データにすると，1，2，3，・・・といった連続データに変えることができる．

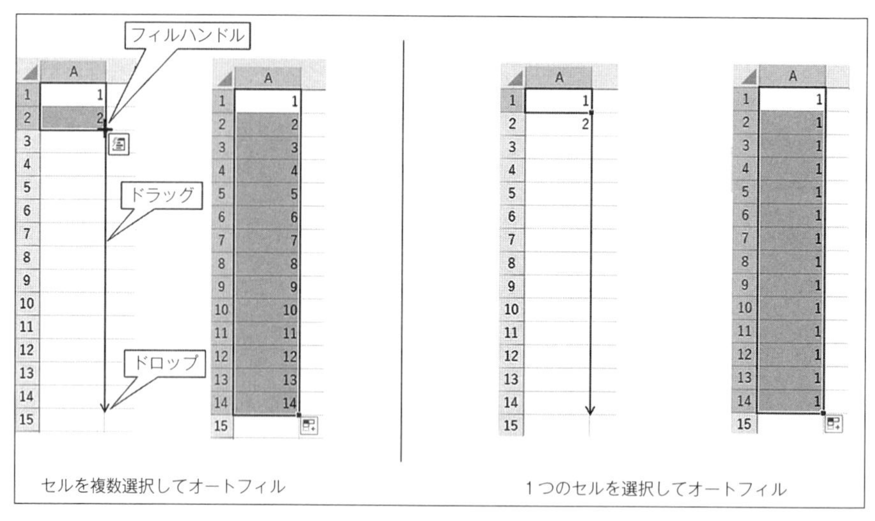

図7.2.7　オートフィル

オートフィルで入力可能なデータは，数値の場合は，基本的に等差数列をなすデータである（ある一定数だけ増加する，減少するといった数字の並びを指す：図7.2.8）．例えば，1，2，3・・・（1ずつ増える），や100，97，94・・・（3ずつ減る），といった並びは，オートフィルの機能を利用して入力可能である．しかし，1，2，4・・・といった並び（2倍ずつ増える：等比数列という）を入力することはできない．この他に，文字列としてみなされるデータについてもオートフィルの機能が有効な場合があり，月の並び（1月，2月，3月・・・：12月の次は1月に戻る）や曜日（日，月，火・・・：土の次は日の入力），十二支（子，丑，寅・・・：亥（いのしし）の次は子（ねずみ）の入力）等が入力可能である．

	A	B	C	D	E	F	G	H
1	1	100		1		1月	日	子
2	2	97		2		2月	月	丑
3	3	94		4		3月	火	寅
4	4	91		5.333333		4月	水	卯
5	5	88		6.833333		5月	木	辰
6	6	85		8.333333		6月	金	巳
7	7	82		9.833333		7月	土	午
8	8	79		11.33333		8月	日	未
9	9	76		12.83333		9月	月	申
10	10	73		14.33333		10月	火	酉
11	11	70		15.83333		11月	水	戌
12	12	67		17.33333		12月	木	亥
13	13	64		18.83333		1月	金	子

図7.2.8　オートフィルの実行

ユーザー設定リスト
ユーザー設定リスト
ユーザー設定リスト(L):
新しいリスト
Sun, Mon, Tue, Wed, Thu, Fri, Sa
Sunday, Monday, Tuesday, Wedn
Jan, Feb, Mar, Apr, May, Jun, Jul,
January, February, March, April,
日, 月, 火, 水, 木, 金, 土
日曜日, 月曜日, 火曜日, 水曜日, 木
1月, 2月, 3月, 4月, 5月, 6月, 7月,
第1四半期, 第2四半期, 第3四半期,
睦月, 如月, 弥生, 卯月, 皐月, 水無月
子, 丑, 寅, 卯, 辰, 巳, 午, 未, 申, 酉
甲, 乙, 丙, 丁, 戊, 己, 庚, 辛, 壬, 癸
リストの項目(E):
追加(A)
削除(D)
リストを区切る場合は、Enter キーを押します。
リストの取り込み元範囲(I):
インポート(M)
OK
キャンセル

図7.2.9　オートフィルの設定変更

オートフィル機能による自動入力項目

は，ユーザー自身でも設定できる．「ファイル」タブの「オプション」，「詳細設定」をクリックする．「全般」の項目にある「並べ替えや連続データ入力設定で使用するリストを作成します」の「ユーザー設定リストの編集」ボタンをクリックする．すると，図 7.2.9 にある画面が現れるので，自動入力可能な項目を編集できる．

7.2.3　表の整形

より見栄えが良い整った表にするためには，整形の作業が必要となる．図 7.2.10 の表を例に解説すると，整形のために以下の処理がなされている．

①セル幅や高さの変更（B列とD列ではセル幅が異なり，5行目と6行目のセルの高さが異なっている）．

②複数セルの結合（2行目の「4月」は，B～D列をまたいで記述されていて，1つのセルとして扱われている）．

③セルの網掛け（2行目の「4月」のセルの背景に網がかけられている）．

④コンテンツの折り返し表示（D6 に書かれている内容が2行にわたって，書かれている）．

	A	B	C	D	E
1					
2		4月			
3		日	曜日	行事	
4		1	土	入社式	
5		2	日	休み	
6		3	月	各課のオリエンテーションと歓迎会	
7		4	火	合同会議	
8		5	水	会社見学会	
9					
10					

図 7.2.10　表の整形の例

⑤罫線の表示（セルが線で区切られていて，より表らしい外見になっている）．

①については，列表示のアルファベット，あるいは行表示の数字の部分の境界線にマウスのポイントを重ね合わせることで，セル幅や高さを変更する．②の複数セルの結合は「ホーム」タブにある「配置」リボンの「セルを結合して中央揃え」をクリックして，複数セルを1つのセルにする．また，同じリボン内に「折り返して全体を表示する」もあるので，④の処理も行うことができる（図 7.2.11）．この際，セルの高さが自動で変更されるので，①に関連する処理にもなる．③と⑤は「セルの書式設定」で行う．「罫線」タブで表の罫線を決め（図 7.2.12），「塗りつぶし」タブでセルの背景色や柄を決めることができる（図 7.2.13：図 7.2.10 の表では「パターンの種類の変更」を実行した）．「セルの書式設定」には「配置タブ」もあり，②と④の処理も行うことができるので，セルに対する書式の変更を行う際には，「セルの書式設定」ダイアログを表示することを覚えておくと便利である．

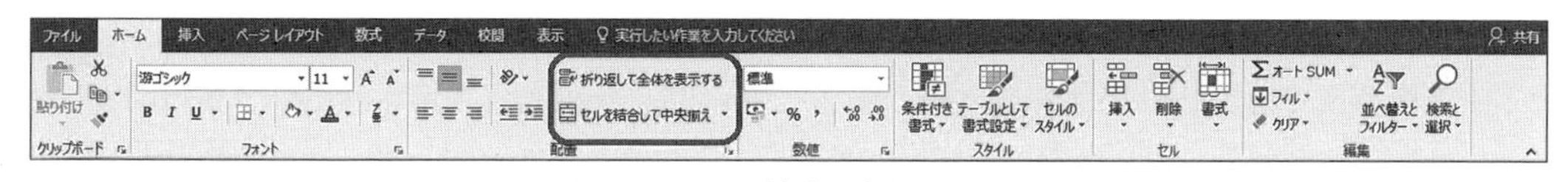

図 7.2.11　セルの結合と折り返して表示

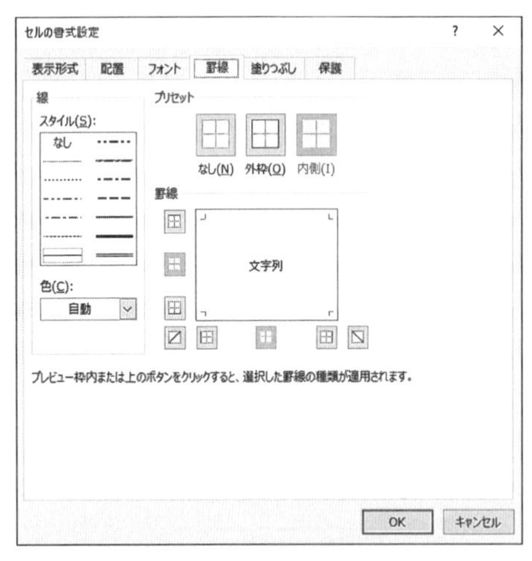

図7.2.12　罫線の変更

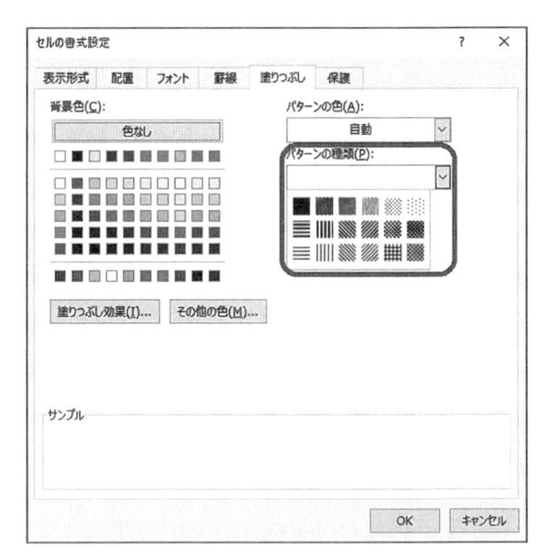

図7.2.13　セルの塗りつぶし

表の整形に関して例をあげて解説したが，これ以外にも表の整形に関する操作はある．例えば，Wordと同じように，あらかじめ決められた書式を適用（「ホーム」タブの「スタイル」リボン）すること等も可能である．

7.3 計算

Excelでは数値の計算，つまり計算機や電卓と同じ処理を行うことが可能である．本節ではExcelにおける計算の方法を解説する．計算の処理が多い場合や計算が複雑になる場合には，電卓よりもExcelを用いて計算を行った方が効率的である．

7.3.1 数式の入力による計算

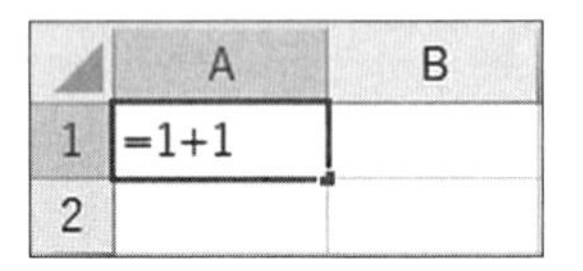

図7.3.1　:数式の入力

Excelでは，セル内に初めに「=（イコール）」を入力後，数式を入力することで計算する．つまり，1 + 1を計算する場合，「1 + 1 =」と記述するのではなく，「= 1 + 1」と記述して計算を行う．なぜ「=（イコール）」を先に入力するか疑問に思うが，プログラミングの計算式がそうなっていることが大きく影響している．プログラミングの計算式では「計算の答え = 計算式」と記述するので，イコールの左辺に答えが入り，イコールの右辺に計算式が入る．Excelでもこの規則が反映されていて，初めに「=」を入力して計算式を記述する（図7.3.1）．図7.3.1の状態で Enter キーをクリックすると，セルに表示される値は1 + 1の答えである2に変化する（図7.3.2）．この時，セル内に表示されている値は2だが，1 + 1の計算結果によって2が表示されている．シート上部にある数式バー（図7.3.2内の囲っている部分）を確認すると，セルに表示されている値は2だが，数式バーには= 1 + 1と表示されるので，2が計算の結果であることがわかる．直接入力した2の場合は，数式バーに数式は表示されずに数字の2だけが表示される（図7.3.3）．

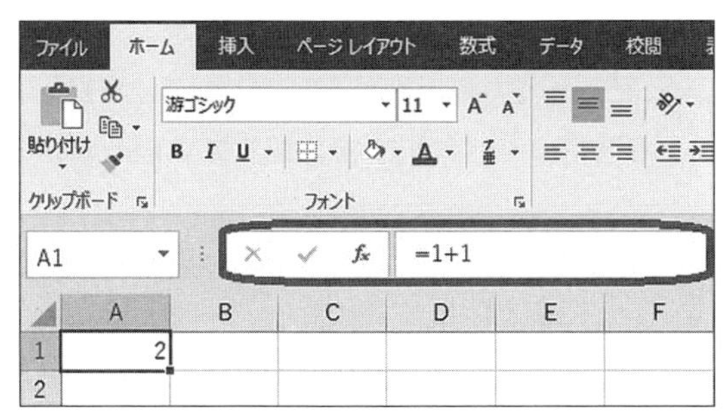

図7.3.2　セルと数式バーの違い

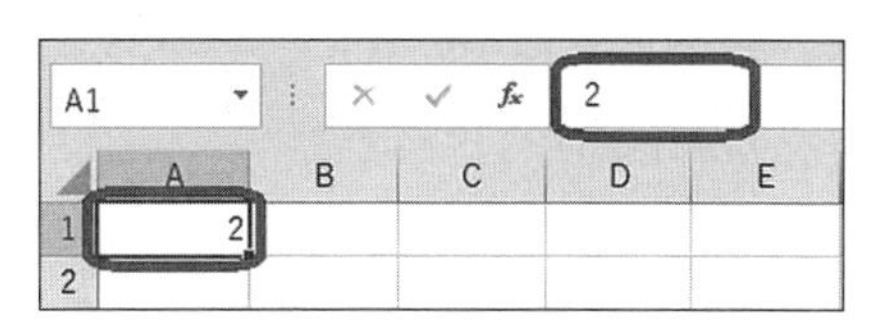

図7.3.3　セルと数式バーの一致

Excelにおける計算では，四則演算（加算，減算，乗算，除算）を基本として，べき乗ができる演算子もある．ただ，Excelでは（コンピュータの場合は），演算子がわれわれ人間が用いるものと異なる場合があるので注意しなければならない．演算子の一覧を表7.3.1に示す．

表7.3.1　演算子一覧

演算の種類	人が用いる演算子	Excelにおける演算子
加　算	＋	＋
減　算	－	－
乗　算	×	*（アスタリスク）
除　算	÷	/（スラッシュ）
累　乗	5^2（指数表記）	^（ハット記号：半角でひらがなの「へ」のキー）
累乗根	√（ルート記号）	^（ハット記号）

加算「＋（プラス）」と減算「－（マイナスあるいはハイフン）」の演算子はわれわれが用いる記号と同一であるが，乗算と除算はExcelでは（コンピュータでは）異なるので気をつけなければならない．また，数式は半角文字で記述されなくてはならない．自動でExcelが全角を半角に変換してくれる場合はあるが，数式を入力する時は半角入力モードで入力することを心がけてほしい．「×」と「÷」が演算子として使えない理由が，これで理解できると思う．「×」と「÷」は全角記号であるため，演算子として使えない．

四則演算の演算子の使い方はわかると思うので，累乗と累乗根の算出方法だけふれておこう．累乗では，5^2（５の２乗）と表記する場合，５を基数，２を指数という．Excelで数式を入力する場合，表7.3.1のハット記号を用いて，「＝基数^指数」と記述する．すなわち，５の２乗は「=5^2」と記述して（図7.3.4）累乗の計算を行う（計算結果は25）．累乗根も同じハット記号を用いて計算可能で，$\sqrt{5}$（５の平方根：2.2360679・・・）は５の1/2乗として考え，「=5^(1/2)」と入力する（カッコが必要なので注意：べき乗記号が優先されるので，カッコがないと5/2と同じになってしまう．つまり５の１乗を行った後，２で割る）．同じように，３乗根や４乗

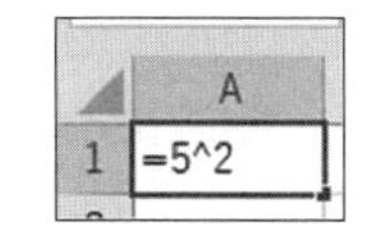

図7.3.4　累乗演算

根等も算出可能で，例えば27の３乗根（計算結果は３：３回乗算してその数字になるような数）は，「=27^(1/3)」と記述する．1/2乗の部分を0.5と記述しても構わないが，1/3乗（３乗根）の1/3は割り切れず，0.33333・・と入力しなければならないので（何桁まで記述していいかわからない），分数（除算）記述の方が便利である．

表7.3.1に挙げた演算子には，一部それを用いなくても，関数という機能を利用すれば算出可能な場合があるが，そのことに関しては後述する．

説明してきたように，Excelでは，演算子を用いてセル内に数字からなる式を入力して計算可能であるが，数字の代わりに，セルの住所を入力しても構わない．図7.3.5でわかると思うが，セルA2とB2には２と５がそれぞれ入力されていて，C2には「=A2+A3*3」という式が記述されている．こういった数式でも計算可能である．つまり，あらかじめセルに入力されている数値を用いて，当該セルの住所によって数式を入力できる．そして，数式からわかるように，セルの番地と数字が混在しても式は成り立つ．セルの住所は，キーボードから直接入力するか，あるいはマウスのポインタで当該セルを選択することでも入力できる．

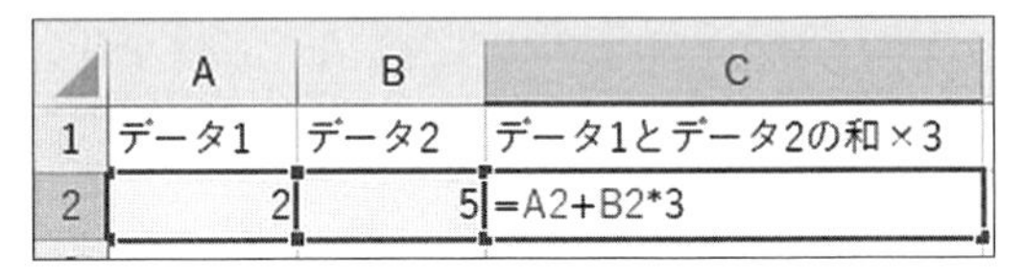

	A	B	C
1	データ1	データ2	データ1とデータ2の和×3
2	2	5	=A2+B2*3

図7.3.5　セル住所を用いた演算

さて，ここで図7.3.5を確認していただきたい．セルC1はデータ１とデータ２の和×３となっているが，セルC2には「=A2+B2*3」と数式が入力されている．何かおかしい点はないだろうか．次項で詳しく解説したい．

7.3.2　数式の計算規則

われわれが数式を書く場合，「×」と「÷」が「＋」と「－」より優先されることは知っているだろう．コンピュータの計算式も同じで，「×」と「÷」が優先的に計算が行われるため，図7.3.5の「=A2+B3*3」は「B3*3」の部分が先に計算され，その値にA2が加算されるという結果になる．つまり，セルC1に記述されているような「データ１とデータ２の和×３」ではなく，「データ２×３にデータ１を加算」となっている．このため，正しくは「=(A2+B2)*3」と入力しなければならない（乗算や除算よりもカッコ内の計算が優先される）．

このように，数式を入力する場合，計算の順序が重要な意味を持つ．数式が長くなればなるほど，あるいは複雑な計算になればなるほど注意しなければならない．計算の優先順位は，１．カッコ内の計算，２．累乗および累乗根計算，３．乗算および除算，４．加算および減算，の順である．ただ，このように題目的に書いても即座に実感できないと思うので，いくつかの例を挙げる．

例1　$\frac{5}{3^2+1}+\frac{6-2.5}{\sqrt{10}}$の数式をセルに入力する．

解答　=5/(3^2+1)+(6-2.5)/10^(1/2)

解説　べき乗計算と分子と分母全体の区別（カッコを用いる）を注意する．

例2　$\sqrt{5^2+7^3\times\sqrt{2}}$の数式をセルに入力する．

解答　=(5^2+7^3*2^(1/2))^(1/2)

解説 平方根の範囲をきちんと見極める．また，カッコが多重になるような場合，｛｝（中カッコ）や［ ］（大カッコ）がないので，カッコを重ねる．

例3 -4^2-2^2

解答 =-1*4^2-2^2 あるいは =-(4^2)-2^2

解説 数式の先頭項がマイナスの値の場合，=-4^2 と書くと，-4 の 2 乗となり 16 となってしまうので，それを回避するような工夫をしなければならない．

7.3.3 オートフィルにおける相対参照と絶対参照

前節で解説したオートフィルは計算においても有効である．例えば，図 7.3.6 のような表において消費税込み価格を算出したい場合，価格に 1.08 を乗算する数式を記述して[3]，Enter キーをクリック後，オートフィルを適用すると（図 7.3.7），その範囲の値に関して自動で計算を行う（図 7.3.8）．オートフィルは書式のコピーなので，同じように数式がコピーされて自動で計算を行う仕組みが働く．実際，オートフィル後の品物 E の消費税込み価格のセルをダブルクリックすると，図 7.3.9 のように表示され，正しい数式が入力されていることがわかる．作業の省力化の観点から，オートフィルは非常に便利である．オートフィルは，例のように縦（列）方向でも横（行）方向でも可能であり，前で述べた例では，品物 A のセルに入力した数式は「=C3*1.08」だが，オートフィルを行うと品物 E のセルでは「=C7*1.08」となった．つまり，オートフィルの作業で「=C3*1.08」が繰り返されたわけではなく，セルの住所の部分はそれぞれのセルに応じて変化している（品物 B～D の式は，それぞれセル C4～C6 になる）．このように，セルの住所の部分がオートフィルによって変化することをセルの相対参照という．

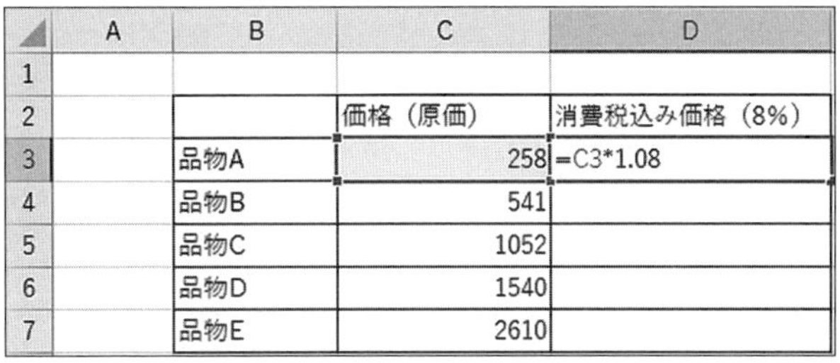

	A	B	C	D
1				
2			価格（原価）	消費税込み価格（8%）
3		品物A	258	=C3*1.08
4		品物B	541	
5		品物C	1052	
6		品物D	1540	
7		品物E	2610	

図 7.3.6 税込み価格の演算式

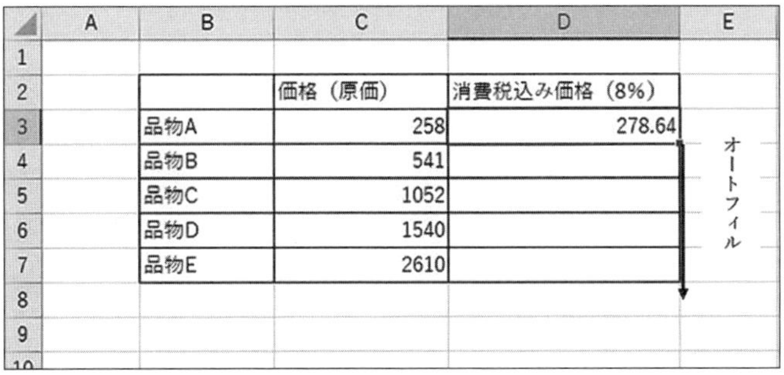

	A	B	C	D	E
1					
2			価格（原価）	消費税込み価格（8%）	
3		品物A	258	278.64	オートフィル
4		品物B	541		
5		品物C	1052		
6		品物D	1540		
7		品物E	2610		
8					
9					
10					

図 7.3.7 演算式のオートフィル

[3] 2017 年 4 月現在の消費税率（8 %）を想定した．

	A	B	C	D
1				
2			価格（原価）	消費税込み価格（8%）
3		品物A	258	278.64
4		品物B	541	584.28
5		品物C	1052	1136.16
6		品物D	1540	1663.2
7		品物E	2610	2818.8
8				

図7.3.8　演算式のオートフィルの結果

	A	B	C	D
1				
2			価格（原価）	消費税込み価格（8%）
3		品物A	258	278.64
4		品物B	541	584.28
5		品物C	1052	1136.16
6		品物D	1540	1663.2
7		品物E	2610	=C7*1.08

図7.3.9　セルの相対参照

しかし，オートフィルによってセルの住所が変化すると困る場合もある．それが，図7.3.10のようなケースである．日本の人口に関するデータをまとめた表であるが[4]，全人口に対する年齢別割合を算出したい場合，数式は「=年齢別人口/全人口*100」となる．しかし，これにオートフィルを適用すると図7.3.11のようになる．「#DIV/0!」の表示は割り算において0で割ることはできないという意味のエラーメッセージで，オートフィルを行うことでエラーが出てしまう．

計算の場合のオートフィル操作は基本的にセルの相対位置を参照する．「=A1*2」を縦方向にオートフィルすると，「=A2*2」，「=A3*2」，・・・・となり，セルの住所は一つずつずれて計算される．同じように，図7.3.10の「=C4/C10*100」をオートフィルすると，「=C5/C11*100」，「=C6/C12*100」，・・・となってしまう．分数の分子の部分がずれるのは問題ないが，分母の「全人口」

	A	B	C	D
1				
2		日本の人口（2016年）		
3		年齢	人口（単位:千人）	全人口に対する割合
4		0～19歳	21,820	=C4/C10*100
5		20～39歳	27,917	
6		40～59歳	34,445	
7		60～79歳	32,369	
8		80～99歳	10,318	
9		100歳以上	66	
10		全人口	126,935	

図7.3.10　人口の年齢別割合の演算式

4　データは総務省統計局HPから引用.

のセルがずれてしまうと正しい計算結果にならない．実際，オートフィル後の 20～39 歳の計算式を確認すると（ダブルクリックする），「=C5/C11*100」となっていて，分子だけではなく，分母のセルもずれているのが確認できる（図 7.3.12）．

	A	B	C	D
1				
2		日本の人口（2016年）		
3		年齢	人口（単位:千人）	全人口に対する割合
4		0～19歳	21,820	17.18990034
5		20～39歳	27,917	#DIV/0!
6		40～59歳	34,445	#DIV/0!
7		60～79歳	32,369	#DIV/0!
8		80～99歳	10,318	#DIV/0!
9		100歳以上	66	#DIV/0!
10		全人口	126,935	#DIV/0!
11				

図 7.3.11 オートフィルによるエラー

	A	B	C	D
1				
2		日本の人口（2016年）		
3		年齢	人口（単位:千人）	全人口に対する割合
4		0～19歳	21,820	17.18990034
5		20～39歳	27,917	=C5/C11*100
6		40～59歳	34,445	#DIV/0!
7		60～79歳	32,369	#DIV/0!
8		80～99歳	10,318	#DIV/0!
9		100歳以上	66	#DIV/0!
10		全人口	126,935	#DIV/0!
11				

図 7.3.12 セルの相対参照によるエラー

こういった場合，オートフィルしてもセルがずれないようにする．それをセルの絶対参照といい，オートフィルを行ってもセルの位置を固定できる．図 7.3.10 の例で言えば，ずれて欲しくないセル（分母）のアルファベット部分を「$」記号で挟む（図 7.3.13）とそのセルは固定され，オートフィルをしてもずれずに計算される（図 7.3.14：オートフィル後）．実際にオートフィル処理を行ったセルを確認すると，セルがずれていないことがわかる（図 7.3.15）．アルファベットの前の「$」は列の固定，後の「$」は行の固定を意味し，F4 キーを用いて「$」記号を自動で付加することもできる．セルの相対参照と絶対参照はオートフィルにおいては必ず覚えておくべき知識である．

	A	B	C	D
1				
2		日本の人口（2016年）		
3		年齢	人口（単位:千人）	全人口に対する割合
4		0～19歳	21,820	=C4/$C$10*100
5		20～39歳	27,917	
6		40～59歳	34,445	
7		60～79歳	32,369	
8		80～99歳	10,318	
9		100歳以上	66	
10		全人口	126,935	

図 7.3.13　セルの絶対参照

	A	B	C	D
1				
2		日本の人口（2016年）		
3		年齢	人口（単位:千人）	全人口に対する割合
4		0～19歳	21,820	17.18990034
5		20～39歳	27,917	21.9931461
6		40～59歳	34,445	27.13593572
7		60～79歳	32,369	25.50045299
8		80～99歳	10,318	8.12856974
9		100歳以上	66	0.051995116
10		全人口	126,935	100
11				

図 7.3.14　絶対参照にした場合の結果

	A	B	C	D
1				
2		日本の人口（2016年）		
3		年齢	人口（単位:千人）	全人口に対する割合
4		0～19歳	21,820	17.18990034
5		20～39歳	27,917	=C5/$C$10*100
6		40～59歳	34,445	27.13593572
7		60～79歳	32,369	25.50045299
8		80～99歳	10,318	8.12856974
9		100歳以上	66	0.051995116
10		全人口	126,935	100

図 7.3.15　絶対参照を用いた演算式の確認

7.3.4　関数の利用

多量の数値の計算を行う場合，数式の入力だけでそれに対処するには手間がかかってしまう．例えば，100 人の身長の記録があって，平均身長を算出しなければならない場合，Excel で数式を用いて計算すると，「=(A1+A2+A3+・・・・・・+A99+A100)/100」と記述することになる．長い式にならないような工夫はできるが，どちらにせよ，これではかかる労力が大きくかつミスも起こりやすい．こうした場合に対応するため，Excel には関数という自動計算命令(ある種のプログラム)がある．関数は多くの数値を計算しなければならない場合，効率的に処理できるので有効である．

関数を用いる場合は「メニュー」タブの「数式」タブの「関数ライブラリ」リボンを利用する(図 7.3.16). 何の処理をするか, 関数の機能によって分類され (財務, 論理, 文字列操作等), 専門的知識を要する関数もある. また,「標準ライブラリ」リボンに直接表示されていない関数は「その他の関数」をクリックすると表示される (図 7.3.17).

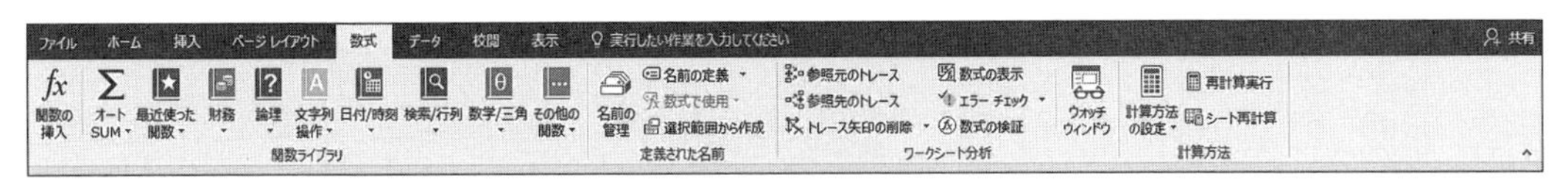

図 7.3.16 数式タブ

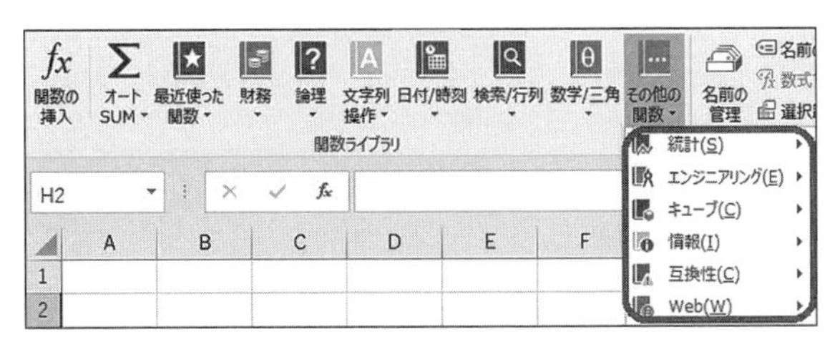

図 7.3.17 その他の関数

まず関数の使用法を学習しよう. シート上に図 7.3.18 のような表があり, 各科目の合計点を算出しなければいけない場合を考えてみる. 合計は SUM() という関数で算出できる[5]. SUM() は「関数ライブラリ」の「数学/三角」リボンにある関数であるが, よく使われるので左側の Σ 記号が書かれている「オート SUM」にも格納されている. 合計点を算出するセルを選択後,「オート SUM」と文字が書かれているボタンをクリックすると, よく使われる関数がドロップダウンリストで表示されるので, その中の「合計」を選択する (図 7.3.19). すると, セル内に関数式が表示されるので (図 7.3.20 : ここでは「=SUM(C3:C11)」となる), 合計を算出するデータ範囲 (点線で囲まれている部分) が正しいことを確認して, Enter キーを押す. もし, 範囲が正しくなければ, マウスで正しい範囲を選択し直して, Enter キーを押す. これで, 指定したセルに合計点を算出できる.「数学/三角」から SUM を選択した場合は, 図 7.3.21 のような関数の引数ダイアログが現れるので, 引数ダイアログの画面において, マウスでセル範囲を選択あるいはキーボードから入力して引数を決め (図

B	C
科目	得点
国語	78
数学	75
英語	84
理科	91
社会	82
音楽	70
美術	71
保健体育	74
技術・家庭	80
合計点	

図 7.3.18 科目点数の表

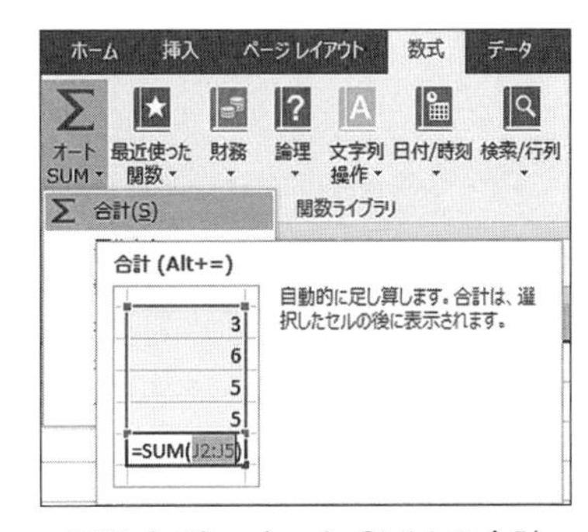

図 7.3.19 オート SUM の合計

[5] SUM は合計, 総計を意味する英単語である.

7.3.21：数値1の空欄)，「OK」ボタンをクリックすると合計点が算出される．

	A	B	C	D	E
1					
2		科目	得点		
3		国語	78		
4		数学	75		
5		英語	84		
6		理科	91		
7		社会	82		
8		音楽	70		
9		美術	71		
10		保健体育	74		
11		技術・家庭	80		
12		合計点	=SUM(C3:C11)		
13			SUM(数値1, [数値2], ...)		
14					

図 7.3.20　SUM 関数の利用

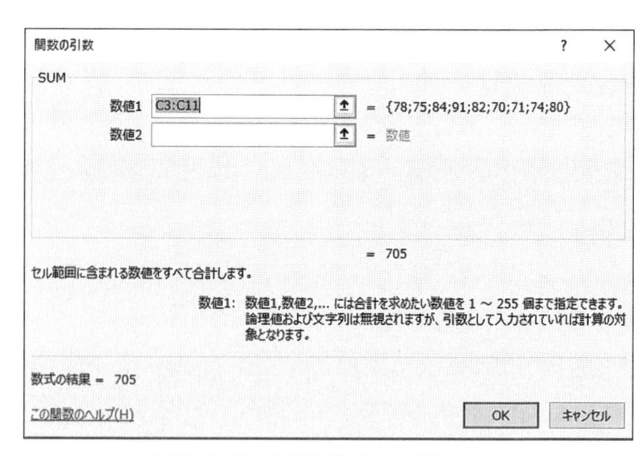

図 7.3.21　引数ダイアログオート

これが関数の基本的な利用法であるが，関数が存在する意味は，計算作業の効率化と人が手作業で計算するのが難しい値を簡単に算出できることにある．例えば，1000 個の数値があり，合計を算出したい時，述べた関数を用いると，あっという間に算出できる．また，数学的な話になるが，角度 10 度の正弦値（sin：サイン）はいくらか，紙ではなかなか計算できなくても，関数を用いるとすぐに算出できる．関数はぜひ知っておいてほしい計算手段である．

すべての関数は，SUM()のように，関数名()という書式をとり，カッコの中には引数と呼ばれるものが入る．前述した SUM()の利用手順においては，=SUM()とセル内に挿入されたが，=（イコール）は自動で付加されたもので，関数は SUM()の部分を指す．関数はセル内に1つとは決まっていないので，=SUM()+SUM()+SUM()や，=(SUM()+4)/B1 等と，数字やセルの住所とまったく同じに扱って構わない．引数として入力するものは関数の種類によってさまざまな場合があり，セルの範囲や数字等である．また，引数は1つとは限らず，複数ある関数もあるので，使用する関数の仕様を調べてから使ってほしい．関数を入力する際，「数式」タブを利用せずとも，キーボードから直接，関数名を入力しても利用できるので，慣れたら，直接入力する方法を行ってみるとよい（関数名は大文字と小文字どちらでもよい）．入力作業が大分早くなるはずである．

数式に限らず，関数や引数の考え方もプログラミング言語の規則に従っているので，興味がある方は，プログラミング言語を学習してみてほしい．エクセルの計算がなぜこのような体系になっているかわかり，フィードバックできると思う．

7.3.5　主な関数の種類

Excel の関数の種類は 450 種を超え，なかには高度の専門知識が必要な関数もあるので，すべてを解説することはできない．以下では，一般的な Excel の教科書で用いられる代表的な関数を挙げる．

関数名：SUM()（数学/三角，あるいはオート SUM）

演算内容：引数の総計を算出する．引数には数値，セルの住所，セル住所の範囲が入る．

使用例 1：SUM(A1:A10)→セル A1 から A10 までの数値の合計を算出する．

使用例 2：SUM(A1:A10,10)→セル A1 から A10 までの数値の合計に 10 を加えた値を算出する．引数はセルの住所でも数字でも構わない．また，カンマで区切ることもできる．

関数名：AVERAGE()（その他の関数→統計，あるいはオート SUM）

演算内容：引数の平均値を算出する．引数には数値，セルの住所，セル住所の範囲が入る．

使用例 1：AVERAGE(A1:A10)→セル A1 から A10 までの数値の平均値を算出する．

使用例 2：AVERAGE(A1:A10,10)→セル A1 から A10 までの数値に 10 を加えた値の平均値を算出する（11 で割る）．

関数名：MAX()（その他の関数→統計，あるいはオート SUM）

演算内容：引数の値のうち最大値を算出する．引数には数値，セルの住所，セル住所の範囲が入る．

使用例 1：MAX(A1:A10)→セル A1 から A10 までの数値の中の最大値を算出する．

使用例 2：MAX(A1:A10,10)→セル A1 から A10 までの数値に 10 を加えた値の中の最大値を算出する．

関数名：MIN()（その他の関数→統計，あるいはオート SUM）

演算内容：引数の値のうち最小値を算出する．最小値の部分以外については MAX()と同じ．

関数名：COUNT()（その他の関数→統計，あるいはオート SUM）

演算内容：引数のうち，数値が入力されているセルの個数を算出する．データ個数を調べるといった場合に有効な関数である．引数には数値，セルの住所，セル住所の範囲が入る（図 7.3.22）．

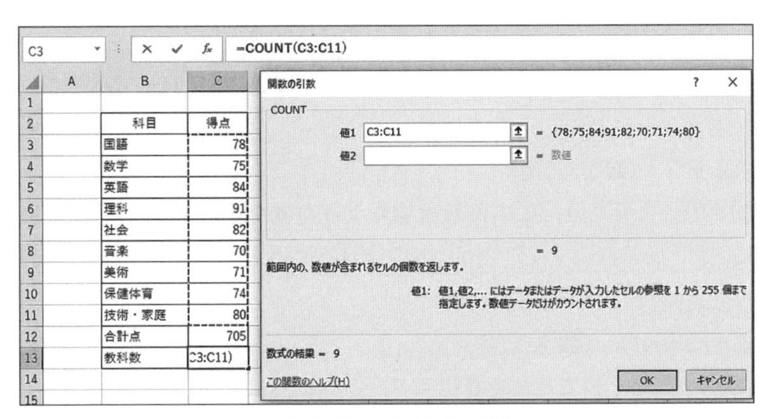

図 7.3.22　COUNT 関数

使用例 1 ：COUNT(A1:A10)→セル A1 から A10 までのセルのうち，数値が入っているセルの個数を算出する．

使用例 2 ：COUNT(1,2,3)→引数に数値を指定できるが（答えは 3），あまり効率的ではない．

＊ SUM(A1:A10)/COUNT(A1:A10)→AVERAGE(A1:A10)と同じ意味になる．

関数名：COUNTA()　（その他の関数→統計）

演算内容：引数のうち，空白ではないセルの個数（数値，文字関わらず）を算出する．それ以外は COUNT()と同じ．

関数名：COUNTBLANK()

演算内容：引数のうち，空白のセルの個数を算出する．それ以外は COUNT()と同じ．

関数名：ROUND()　（数学/三角）

演算内容：引数の値を任意の桁数（小数点以下）で四捨五入した値を算出する．引数は 2 つあり，1 つ目の引数には数値，セルの住所，2 つ目の引数には小数点以下桁数が入る（図 7.3.23）．

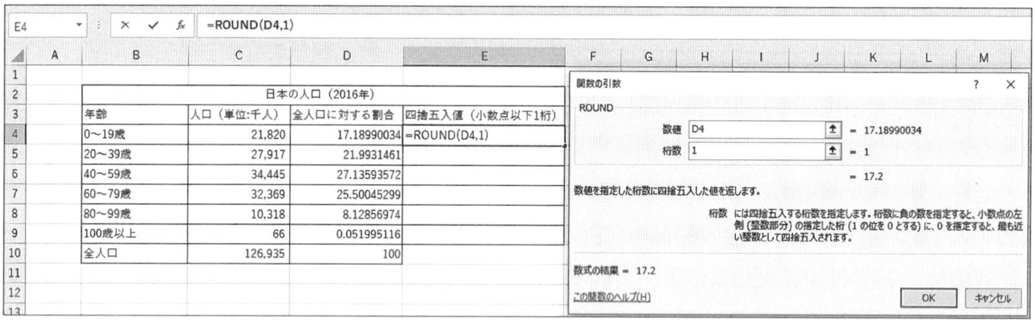

E4　=ROUND(D4,1)

日本の人口（2016年）			
年齢	人口（単位:千人）	全人口に対する割合	四捨五入値（小数点以下1桁）
0〜19歳	21,820	17.18990034	=ROUND(D4,1)
20〜39歳	27,917	21.9931461	
40〜59歳	34,445	27.13593572	
60〜79歳	32,369	25.50045299	
80〜99歳	10,318	8.12856974	
100歳以上	66	0.051995116	
全人口	126,935	100	

関数の引数
ROUND
数値　D4　= 17.18990034
桁数　1　= 1
= 17.2
数値を指定した桁数に四捨五入した値を返します。
桁数　には四捨五入する桁数を指定します。桁数に負の数を指定すると、小数点の左側 (整数部分) の指定した桁 (1 の位を 0 とする) に、0 を指定すると、最も近い整数として四捨五入されます。
数式の結果 = 17.2
この関数のヘルプ(H)　OK　キャンセル

図 7.3.23　ROUND 関数

使用例 1 ：ROUND(3.141592,3)→ 3.141592 と小数点以下桁数 4 桁目を四捨五入して，小数点以下 3 桁で表示する．この場合，演算結果は 3.142．

使用例 2 ：ROUND(A1,3)→セル A1 の数値を四捨五入して，小数点以下 3 桁で表示する．

関数名：ROUNDUP()　（数学/三角）

演算内容：ROUND()と異なり，この関数は切り上げた値を算出する．それ以外は ROUND()と同じ．

関数名：ROUNDDOWN()　（数学/三角）

演算内容：この関数は切り捨てた値を算出する．それ以外は ROUND()と同じ．

関数名：PRODUCT()（数学/三角）

演算内容：引数の積を算出する．引数には数値，セルの住所，セル住所の範囲が入る（図7.3.24[6]）．

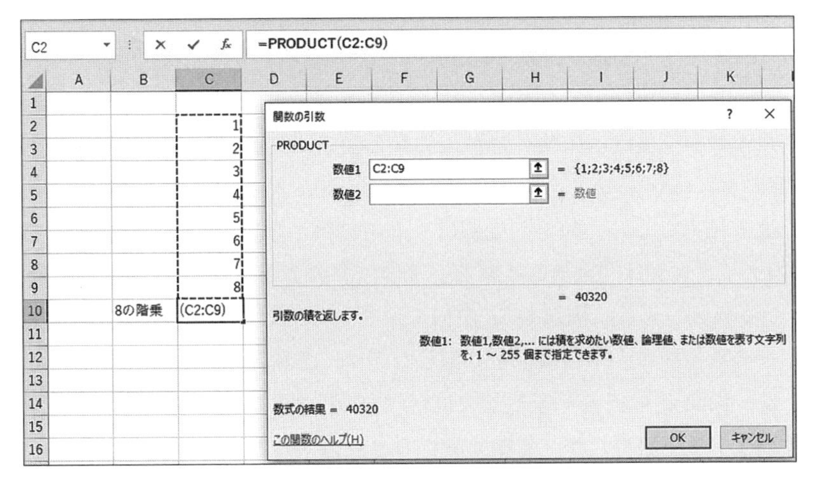

図7.3.24 PRODUCT関数

使用例1：PRODUCT(A1:A10)→セルA1からA10までの数値の積を算出する．

関数名：POWER()（数学/三角）

演算内容：引数の累乗を算出する．引数は2つあり，基数と指数が入る（5^2の5を基数，2を指数という）．数字だけでなくセル住所でもよい．この関数は数式におけるべき乗計算と同様に扱える（図7.3.25）．

使用例1：POWER(5, 2)→5の2乗を算出する．

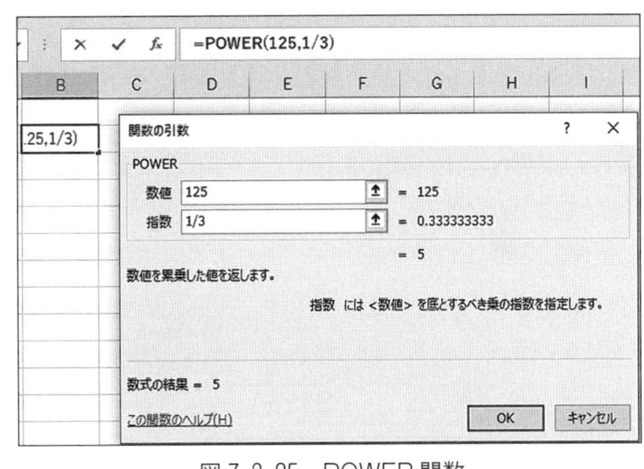

図7.3.25 POWER関数

使用例2：POWER(5, 1/2)→5の1/2乗，つまり5の2乗根（平方根）を算出する．

関数名：SQRT()（数学/三角）

演算内容：引数（正の値）の平方根を算出する．POWER()でも可能だが，平方根のみ独自の関数がある．

使用例1：SQRT(5)→5の平方根を算出する．

---

6 図にある階乗の算出には，専用のFACT()という関数もある．

7.3.6　特殊な引数をもつ関数

前で述べた関数は用いられることが多い関数であり，引数もわかりやすい．だが，特殊な引数をもつ関数もある．ここでは特殊な関数を取り上げる．

関数名：RANK.EQ()（その他の関数→統計）

演算内容：引数の値に順位付けをする．引数は，数値，範囲，順位付けの方法，の３つである（最後の順位付けは省略可）が，これだけではわからないと思うので，詳しく解説する．

図 7.3.26 の表を見てほしい．順位の空欄に，その点数の順位をつけたい場合，RANK.EQ()を用いる．引数のダイアログは「数値」，「参照」，「順序」の３つあり，「数値」の引数には順位をつけたい対象となる数値が入る（国語の 78 が何位かを調べたい場合は，数値はセル C3 となる）．「参照」には，どの数値群の中での順位を算出したいか，を意味する数値群の範囲を指定する（図 7.3.22 の表では，国語から技術・家庭までの点数の中での順位を知りたいので，C3:C11 となる）．最後の「順序」は省略可だが，省略するか 0 と入力すると降順で（値の大きい方から順に）順位がつけられ，0 以外を入力すると昇順で（値の小さい方から順に）順位がつけられる．

ただ，順位をつける際，たった１つの値に順位をつけるというよりも，複数の値に順位をつける場合が多いと思うので（図 7.3.26 の例であれば，国語から技術・家庭にわたってすべてに順位をつける），当然のことながら，オートフィルの作業が必要となる．オートフィルが必要であるならば，7.3.3 項でふれた相対参照と絶対参照の問題を考えなければならない．オートフィルは基本的に相対参照するので，「参照」に入力する引数がずれてしまうと困る．したがって，絶対参照にしなければならない（図 7.3.27）．

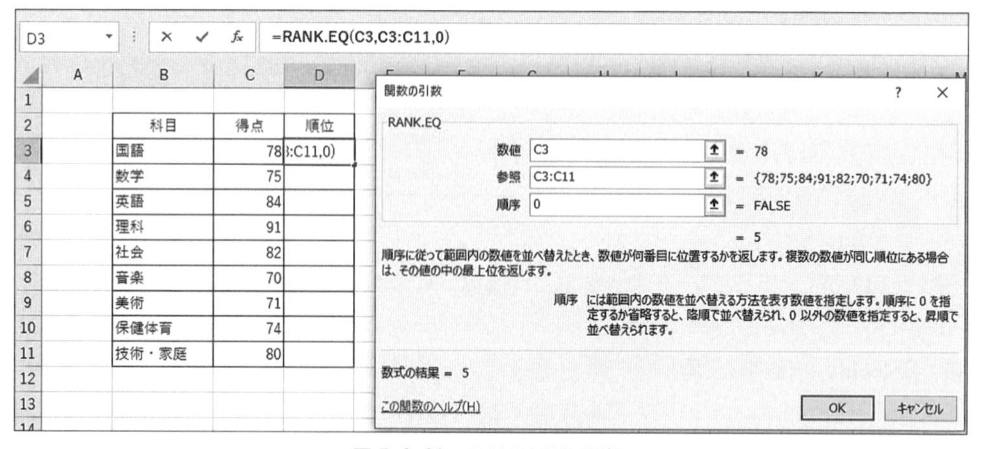

図 7.3.26　RANK.EQ 関数

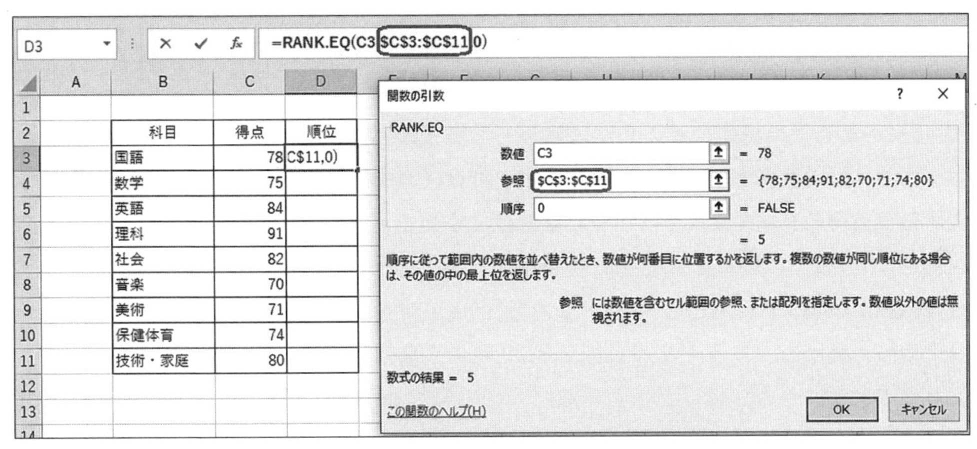

図 7.3.27 RANK.EQ 関数における絶対参照

RANK.EQ()と似たRANK.AVG()があるが，この関数は統計学に特化した関数なので（同値の2位が2つあると2.5位にする：順位相関係数等の解析で用いる），本書では割愛する．

関数名：IF()（論理）

演算内容：引数に対して，ある条件に応じた処理を行う．引数は3つあり，条件式，条件に適合した場合の処理，条件に適合しない場合の処理，である．

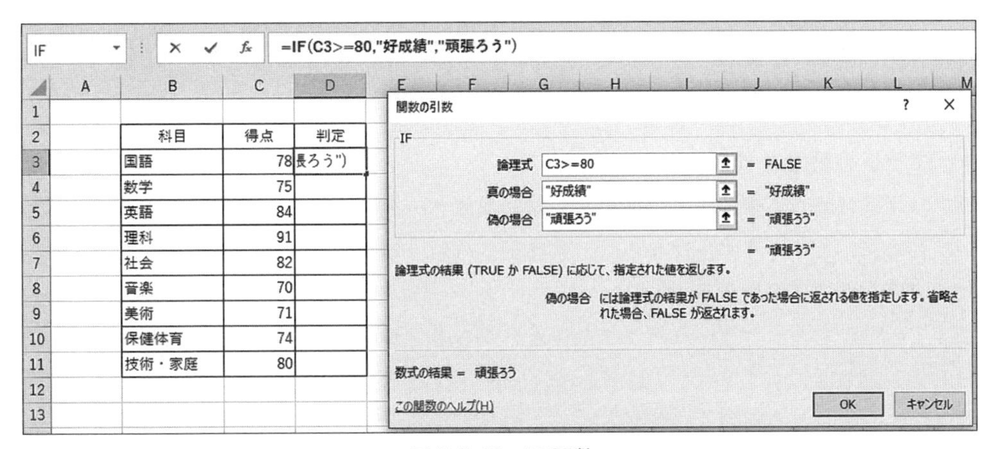

図 7.3.28 IF 関数

この関数も引数が特殊で，プログラミング分野の分岐処理に相当する関数である．ある条件があり，その条件に適合するとAという処理を行い，適合しないとBという処理を行う．簡単な例えで言うならば，雨が降ったら傘をさし，そうでなければ傘をささないといった，ある条件次第で処理を変える関数である．引数ダイアログには，論理式，真の場合，偽の場合，の項目があり，例えば，図7.3.28の例で点数が80点以上だったら（条件），「好成績」と表示し（適合した場合の処理)，そうでなかったら「頑張ろう」と表示したい（適合しない場合の処理）ならば，条件は 80 点以上なので，「論理式」の欄には 80 以上という条件を入力する（C3>=80：国語の点数の C3）．そして，「真の場合」の欄にはその条件に適合した場合の処理を入力，つまり「好成績」と表示したいので，ここでは「好成績」と入力する（前後のダブルクウォーテーションは文字列を入力すると自動的に付けられる）．そして「偽の場合」には，適合しない場合の処理，「頑張ろう」と入力する．これで「OK」ボタンをクリックして，オートフィルをすると図 7.3.29 のような結果となる．

科目	得点	判定
国語	78	頑張ろう
数学	75	頑張ろう
英語	84	好成績
理科	91	好成績
社会	82	好成績
音楽	70	頑張ろう
美術	71	頑張ろう
保健体育	74	頑張ろう
技術・家庭	80	好成績

図 7.3.29　IF 関数の実行結果

IF 関数は記述方法が難しい．論理式に入力する条件の記述において，以上を「≧」ではなく，「>=」と記述した．これもプログラミングの考え方を踏襲していて，演算子は全角では記述できないので，「≧」は使うことができず，「>=」と記述しなければならない．以上が「>=」なので，以下は「<=」であるが，条件の記述法は自由で，C3>=80 であっても 80<=C3 でも問題ない．また，真の場合，偽の場合に文字を記述したが，数式等を記述してもよい．加えて，本書では深くはふれないが，条件を複数にする条件のネストも可能である．

7.4　グラフ作成

Excel では，入力した数値からグラフを作成できる．グラフは，数値情報を視覚的に見やすくする効果を持ち，データを分析する際に重要なツールとなりうる．本節ではグラフ作成の方法を学習する．

7.4.1　グラフの種類と作成方法

グラフは用途に応じて多種多様の種類があり，数値データをとにかくグラフ化すればよいわけではない．初めに，どういうグラフならば，人に伝える際に効果的なのか，を考えることが必要である．以下で例をあげて解説する．

図 7.4.1 の例の場合，どういうグラフを作成したらよいかを考えてほしい．通学手段において，「電車とバス」と「自転車」に関連性はなく，まったく別のものである．そして，人数の大小を視覚的にわかりやすく伝えたい．こういったデータのように，項目同士の関連性があまりなく，データの大小を明示するには棒グラフが適している．

大学への通学手段	人
バス	58
電車とバス	81
自転車	32
自動2輪（原付含む）	25
徒歩	20

図 7.4.1　通学手段の表の例

図 7.4.2　挿入タブのグラフリボン

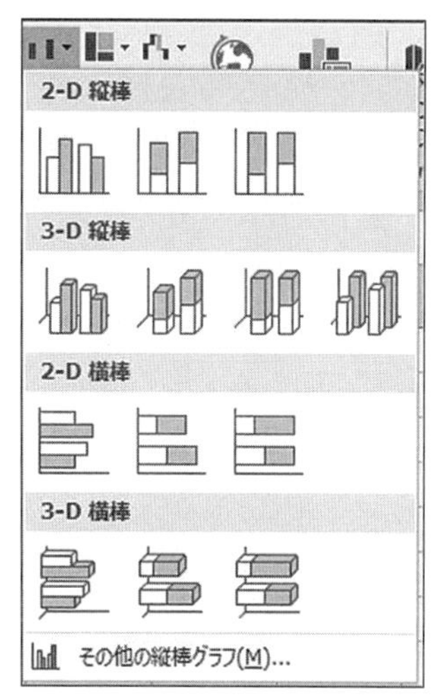

図 7.4.3 棒グラフの種類

グラフを作成するには,「メニュー」タブの「挿入」の中にある「グラフ」リボンの機能を用いる（図 7.4.2）. まず, データすべてをマウスで選択しておき（図 7.4.1 の表の部分すべて),「グラフ」リボンの棒グラフのアイコンをクリックする（先頭にあるアイコン）. 棒グラフの種類は多種あり, 2-D, 3-D の縦棒グラフと横棒グラフに大きく分類され, さらに細かく, 集合, 積み上げ, 100% 積み上げの種類に分かれている（図 7.4.3）. 通常の棒グラフを選択する場合は,「集合縦棒」を選んでクリックするとグラフが作成される（図 7.4.4）. この他に「積み上げ」と「100%積み上げ」の種類があるが, これらは同じ項目に 2 つのデータがあるような場合（図 7.4.3 の例でいうならば, バス -7 時台発 42 人, バス -8 時台発 16 人といった場合）に用いる. 図 7.4.1 のデータの特性からいうならば, 集合縦棒で縦棒グラフか横棒グラフとなるが, 縦か横かについては, 文書のレイアウト次第で決めるとよい. 大小の違いを強調したい場合は, 初期状態では横棒の方がわかりやすく, 図 7.4.4 からそれがよくわかる. ただ, これはスケールの長さが異なっている（0 ～10 の画面上の長さが異なっている）ことによるものであり, 縦棒グラフもサイズを縦に長くすると横棒グラフと同じようにすることが可能である. レイアウト次第で縦棒か横棒にするかを決めてほしい. ただ, グラフを複数提示しなければならない場合, 縦棒や横棒が混在して出てくると読みにくい場合があるので（統一感がない), 気をつけなければならない.

図 7.4.4 でわかるように, グラフのタイトルが「人」になっており, 修正が必要である. グラフを作成する場合は, 最初にグラフの全体像を決め, 青写真となるグラフを作成してから, タイトル等細かい部分を修正するといった手順になるので, 現時点ではあまり気にしなくてもよい. それらグラフの整形等に関しては後で述べる.

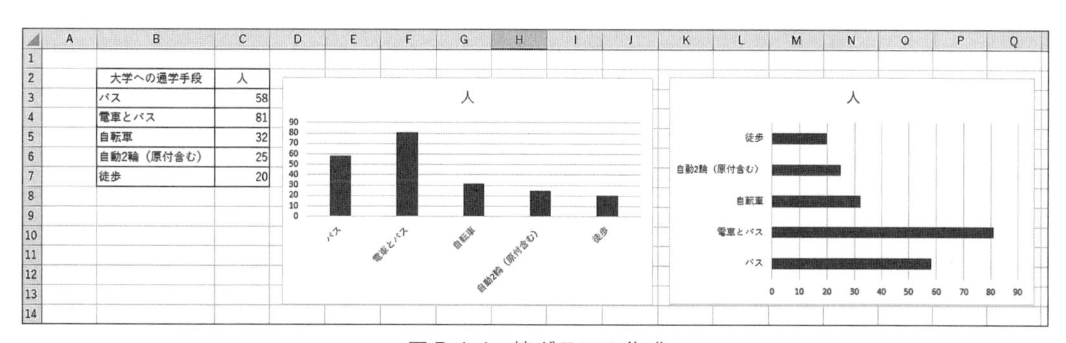

大学への通学手段	人
バス	58
電車とバス	81
自転車	32
自動2輪（原付含む）	25
徒歩	20

図 7.4.4 棒グラフの作成

グラフの提示は数値を見やすく, わかりやすくするための手段である. ただ, グラフの大小を際立たせて見せることのみが, 良いわけではない. 提示の仕方は重要で, グラフの作り方次第でインパクトの程度が変わることは無視してはいけない, が, 中身が伴っていないと意味がない. グラフの視覚的効果ばかり際立たせたとしても, 本質的な部分が重要であることを忘れてはならない.

2-Dと3-Dの違いは，グラフを平面的あるいは立体的に表示するかの違いなので，本質的には変わらない．全体のデザイン性を考え，立体的にした方がよいと考えられる場合に3-Dを選択する．

図7.4.5にあるようなデータの場合，折れ線グラフが適している．グラフリボンの「折れ線」をクリックする．折れ線グラフは，時系列のデータ等移り変わりを示したい場合に用いる．前で述べた棒グラフは，項目（通学手段）の並びの順番が変わっても問題ないが（バスと自転車の位置を交換しても問題ない），図7.4.5のデータでは順番が変わると読み取れなくなってしまう．それぞれ連続的に並ぶデータから構成されるとき，折れ線グラフが適している．

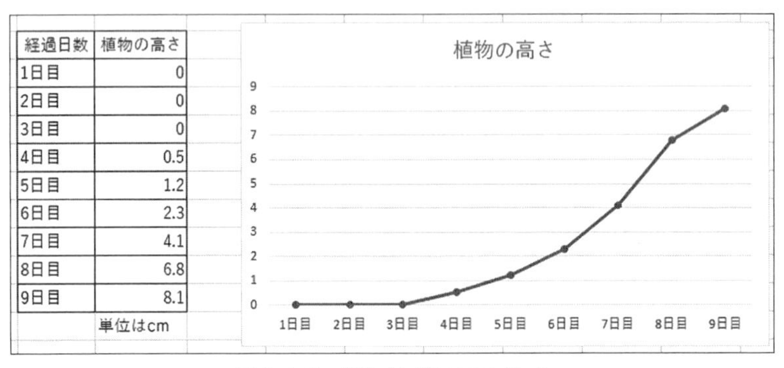

経過日数	植物の高さ
1日目	0
2日目	0
3日目	0
4日目	0.5
5日目	1.2
6日目	2.3
7日目	4.1
8日目	6.8
9日目	8.1

単位はcm

図7.4.5　折れ線グラフの作成

次に挙げる散布図は折れ線グラフと似通っているが，折れ線とは異なる．折れ線は基本的に等間隔のデータをグラフ化する場合に用いるが（1日目，2日目・・・と等間隔のデータセットである），例えば，1日目-高さ0，2日目-高さ0，2.5日目-高さ0・・・のように，項目（横軸）を形成するデータが等間隔でない場合には，折れ線では表現できない．一方，散布図は項目が等間隔であっても，なくてもグラフにすることができる．実際，折れ線グラフで用いたデータに散布図を適用すると，折れ線と同じようなグラフになる（図7.4.6：折れ線とは横軸のスケールが異なっているが，これらの変更の仕方等については後で解説する）．

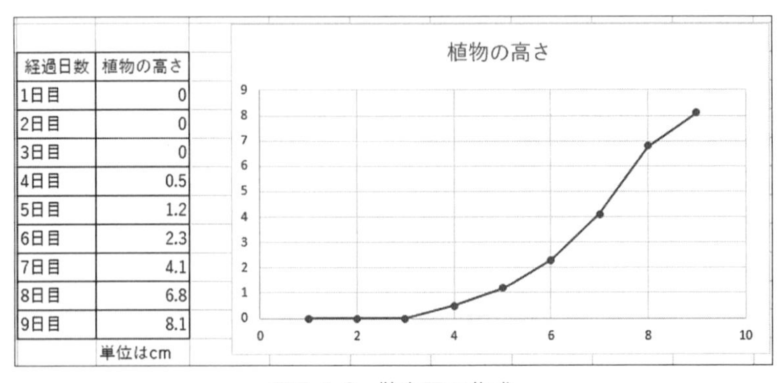

経過日数	植物の高さ
1日目	0
2日目	0
3日目	0
4日目	0.5
5日目	1.2
6日目	2.3
7日目	4.1
8日目	6.8
9日目	8.1

単位はcm

図7.4.6　散布図の作成

最後は円グラフを解説する．図 7.4.7[7] のように，データそれぞれが全体に占める割合を表すような，データの総計と各データ値との関係を視覚的に示したい場合，円グラフが適している．「グラフ」リボンの円グラフをクリックすると作成できる（円グラフの場合，タイトルの部分は選択しないでグラフを作成する）．

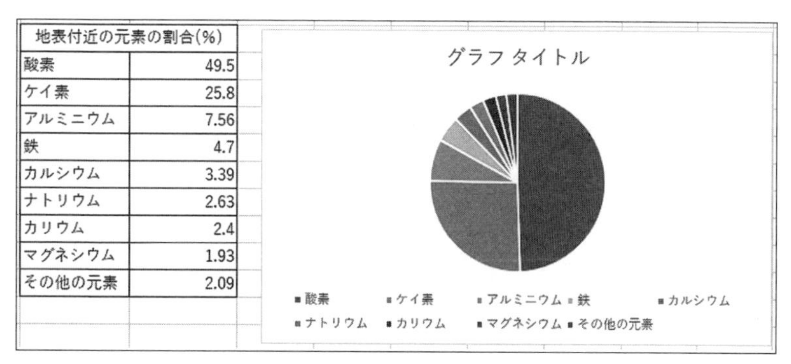

地表付近の元素の割合(%)	
酸素	49.5
ケイ素	25.8
アルミニウム	7.56
鉄	4.7
カルシウム	3.39
ナトリウム	2.63
カリウム	2.4
マグネシウム	1.93
その他の元素	2.09

図 7.4.7　円グラフの作成

グラフの種類は上で述べたグラフの他にも，株価，等高線，バブル等があり，多岐にわたる．また，Excel 2016 では，ウォーターフォール，サンバースト，ツリーマップのグラフが新たに加わった．本書は基本的な使用方法の解説を目的としているので，すべてのグラフを取り上げないが，興味を持った方は他のグラフにも挑戦してほしい．また，どのグラフを作成すると良いのか迷ったときは，Excel 側が適したグラフを提示してくれる「おすすめグラフ」の機能を利用するとよい．

7.4.2 グラフレイアウト（タイトルや軸等）の変更

グラフタイトルやグラフの軸等（グラフレイアウト）の設定は，グラフ作成後に行う．作成したグラフを選択すると，「メニュー」タブに「グラフツール」として，「デザイン」と「書式」の2種類のタブが加わるので，「デザイン」タブの方を使用する（図 7.4.8）．もう一つの「書式」タブについては，シート上のオブジェクト（グラフは Excel の書式外のオブジェクトとみなされる）に対する処理が主で，Word の機能と一致する部分が多いので割愛する．

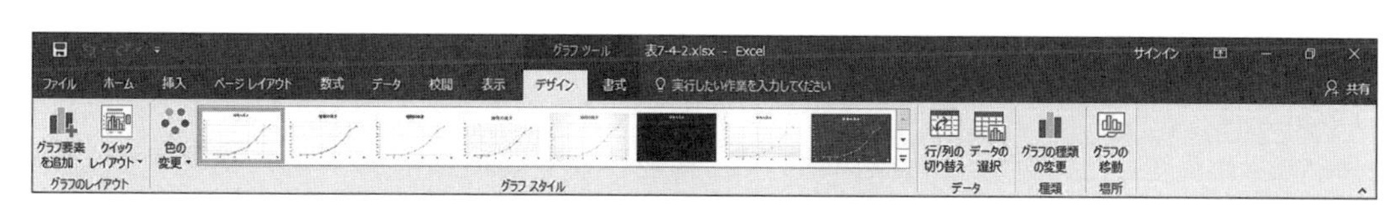

図 7.4.8　グラフツールのデザインタブ

グラフタイトル等の変更は，「デザイン」タブの「グラフレイアウト」リボンにある「グラフ要素を追加」ボタンをクリックして行う．ドロップダウンリストにはさまざまな項目が表示され（図 7.4.9），グラフ細部に対する変更を行うことができる．「グラフ要素を追加」ボタンをクリックし

[7] データはクラーク数という数字である．

て表示されるリストがグラフのどこを指すのかを図7.4.10を示す（図7.4.6のデータの表のグラフを変更した例）．図7.4.9にあるリストの「軸」は第1縦軸と第1横軸の設定を行う．軸の表示および非表示，「その他の軸オプション」をクリックすると，軸の最小値と最大値，メモリの刻み幅等を設定できる．「軸ラベル」と「グラフタイトル」は，それぞれ軸のタイトル，グラフのタイトルを決めることができる．凡例は，その線が何を示すかをグラフ脇に提示するもので，特に，グラフの線が2種類以上ある場合に有効である．目盛線は，グラフ内部に格子状に描かれる線を指す（図7.4.10では非表示にしている）．軸と対称的に位置にある線については（上部の線と右側の線），軸ではなくグラフの枠線とみなされる．誤差範囲と近似曲線については，統計学の知識が必要なので説明は省く．これらの項目の変更は，グラフを選択したときにグラフ右上部に現れる「＋」記号のボタンをクリックしても可能である．

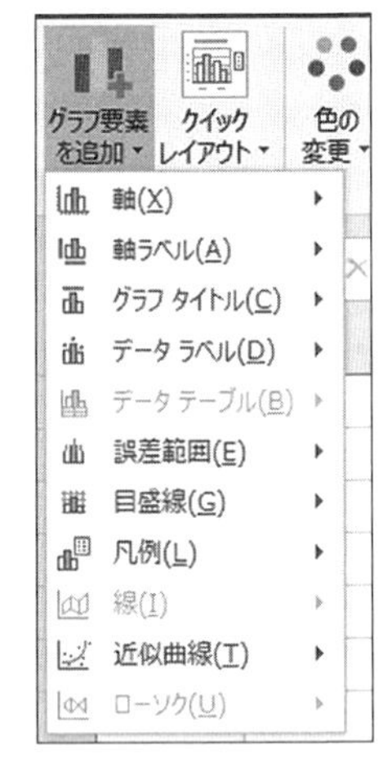

図7.4.9　グラフレイアウトリボンによる細部の設定

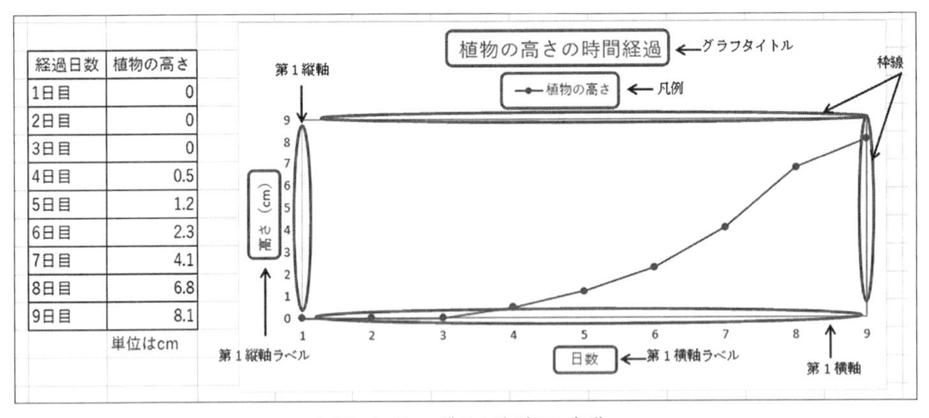

経過日数	植物の高さ
1日目	0
2日目	0
3日目	0
4日目	0.5
5日目	1.2
6日目	2.3
7日目	4.1
8日目	6.8
9日目	8.1

図7.4.10　グラフ細部の名称

7.4.3　複雑なグラフの作成

Excelでは，工夫次第でより複雑なグラフを作成することができる．図7.4.11のように折れ線と棒グラフが混在したグラフも作成できるので，挑戦してみてほしい．図7.4.11のグラフは気温を折れ線，降水量を棒グラフ，降水量の目盛を第2軸（右側）にしている．

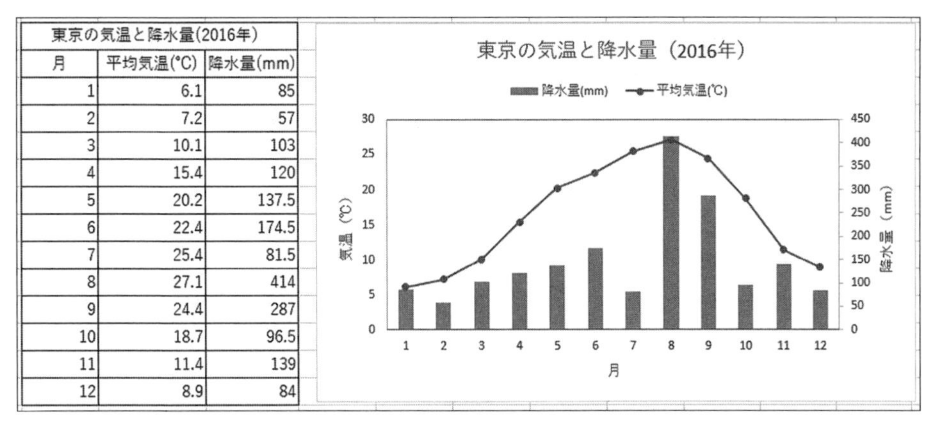

東京の気温と降水量(2016年)		
月	平均気温(°C)	降水量(mm)
1	6.1	85
2	7.2	57
3	10.1	103
4	15.4	120
5	20.2	137.5
6	22.4	174.5
7	25.4	81.5
8	27.1	414
9	24.4	287
10	18.7	96.5
11	11.4	139
12	8.9	84

図 7.4.11　複雑なグラフの作成

7.5 データベース機能

Excel ではデータベースとしての機能が備わっている．表内のデータが数多く蓄積され，表自体が大きくなってくると，一見して全体像がわからない，あるいは探したいデータを見つけることができないといった状況が起こりやすい．データベースの機能とは，データの把握，検索，抽出を容易にする機能であり，「データ」タブのリボンの機能を利用する（図 7.5.1）．一部，専門的な機能も含むので，一般的な機能に絞って説明する．

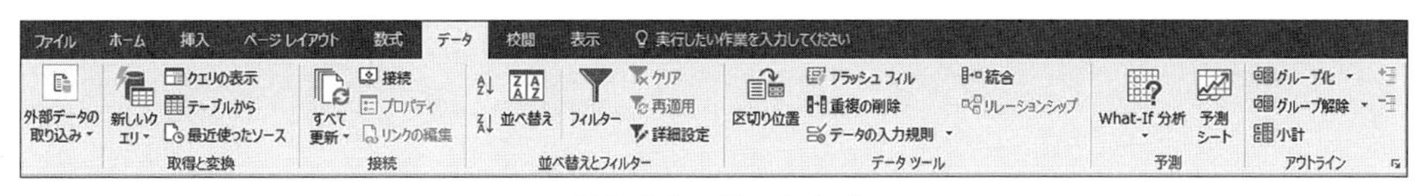

図 7.5.1　データタブ

7.5.1 並べ替え

データがランダムに並んでいるとき，並べ替えを行うとわかりやすくなる．データの並べ替えを行うためには，「並べ替えとフィルター」リボンの機能を用いる（並べ替えについては「ホーム」タブにもある）．図 7.5.2 の表の例で解説しよう．並べ替えたい部分をあらかじめマウスで選択する．データ全体を並べ替えたい場合は，タイトル（定期試験の結果）を除くすべてを選択して，A→Z のボタン（昇順：数値であれば小さい方から，文字であればあいうえお順）か Z→A のボタン（降順：昇順の逆）をクリックする．「ホーム」タブで並べ替えを行うときは，図 7.5.3 のように，「並べ替えとフィルター」ボタンをクリックして，昇順か降順を選択する（図 7.5.4）．図 7.5.5 は昇順で並べ替えを行った結果であり，氏名の「あいうえお」順に従って，並べ替えられていることがわかる．

定期試験の結果					
氏名	国語	数学	英語	理科	社会
山田隆之	78	68	59	67	71
加藤仁美	80	75	81	72	80
大西翔太	77	81	78	75	78
柴田健	92	90	79	80	75
江川智美	76	82	65	71	74
伊藤一馬	75	81	85	90	78
山本ひかる	82	80	86	80	77
北口剛	93	91	78	81	80
竹田優	74	75	77	71	78
川本春奈	71	65	71	68	67
島口正志	80	84	83	78	84
滝川加菜	81	77	76	80	78
浅田和真	68	71	72	77	73
木下雄介	80	94	93	87	90

図7.5.2　並べ替える表の例

図7.5.3　並べ替えとフィルターリボンで並べ替え

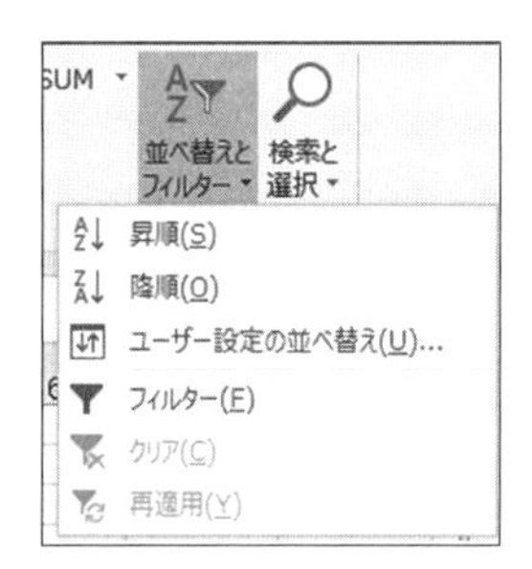

図7.5.4　ホームタブで並べ替え

定期試験の結果					
氏名	国語	数学	英語	理科	社会
浅田和真	68	71	72	77	73
伊藤一馬	75	81	85	90	78
江川智美	76	82	65	71	74
大西翔太	77	81	78	75	78
加藤仁美	80	75	81	72	80
川本春奈	71	65	71	68	67
北口剛	93	91	78	81	80
木下雄介	80	94	93	87	90
柴田健	92	90	79	80	75
島口正志	80	84	83	78	84
滝川加菜	81	77	76	80	78
竹田優	74	75	77	71	78
山田隆之	78	68	59	67	71
山本ひかる	82	80	86	80	77

図7.5.5　氏名順に並べ替えた結果

並べ替え方に関する細かな設定を決める機能もあり，「データ」タブのリボンならば「並べ替え」ボタン，「ホーム」タブならば「ユーザー設定の並べ替え」をクリックして行う．並べ替えの設定ダイアログが現われ（図7.5.6），並べ替え方を決めることが可能になる．並べ替えの際，タイトルを除いた部分をすべて選択したが，最初の行については白くなっていて（図7.5.6），図7.5.5でも並べ替えを実行した部分の最初の行はそのまま残っている．これは，ダイアログの「先頭行をデータの見出しとして使用する」にチェックが入れられているためで，このチェックをはずすと，「氏名」のセルも名前のデータと同列に扱われ，並べ替えられてしまう．これ以外にも，列：最優先されるキー，並べ替えのキー，順序といった設定項目がある．複数の行と列を選択して並べ替えを行う場合，複数のデータを連動させて並べ替えを行う必要がある．例えば，先頭の山田さんのデータの78，68，59・・・のデータは山田さんのデータなので，山田さんのデータとしてすべて連動して並べ替えられなければならない．１つ目の「最優先されるキー」に設定する項目は，何のデータ列を基準に連動させて並べ替えるかを決める項目である．つまり，氏名のあいうえお順を基準としてすべてのデータを並べ替えるのか，国語の点数順にすべてのデータを並べ替えるのか等を決める（図7.5.7）．２つ目の「並べ替えのキー」には，値，セルの色等の項目があり，何の順に並べ替えるか決めることができる．数値の大小によって並べ替えたいのであれば値を選び，その他色等でも並べ替えられる．最後の「順序」は昇順，降順等の設定を行う．例えば，「最優先されるキー」を国語，「並べ替えのキー」を値，「順序」を降順（大きい値から並べる）で並べ替えを行うと，図7.5.8のように，国語の点数が高いデータの順に並べ替えられることがわかる．

図7.5.6　並べ替えの設定ダイアログ

図7.5.7　並べ替えの詳細設定

定期試験の結果					
氏名	国語	数学	英語	理科	社会
北口剛	93	91	78	81	80
柴田健	92	90	79	80	75
山本ひかる	82	80	86	80	77
滝川加菜	81	77	76	80	78
加藤仁美	80	75	81	72	80
島口正志	80	84	83	78	84
木下雄介	80	94	93	87	90
山田隆之	78	68	59	67	71
大西翔太	77	81	78	75	78
江川智美	76	82	65	71	74
伊藤一馬	75	81	85	90	78
竹田優	74	75	77	71	78
川本春奈	71	65	71	68	67
浅田和真	68	71	72	77	73

図7.5.8　点数順に並べ替えた結果

こうした設定を行わず，並べ替えたい部分を選択して昇順や降順を行った場合は（図7.5.5のような並べ替えを行った場合），「最優先されるキー」は最も左側にある列，かつ「並べ替えのキー」も同じ列で並べ替えられることとなる．

7.5.2　データの検索と抽出

データをある条件に応じて，検索，抽出したい場合には，「並べ替えとフィルター」リボンの「フィルター」を用いる．前節（7.4）で取り上げた if 関数でも同じようなことができるが，「フィルター」はデータベース機能なので，手間のかかる作業を簡略化して，検索や抽出を容易にする．

図7.5.2の表を例に説明しよう．最初に表のタイトル（定期試験の結果）を除くすべてを選択し，「フィルター」ボタンをクリックする（「ホーム」タブでは，「並び替えとフィルター」ボタンの「フィルター」）．すると，最初の行のそれぞれのセルに矢印のボタンが現れる（図7.5.9）．このボタンをクリックすると，図7.5.10のようなダイアログが現れるので（国語と書かれているセルの矢印をクリックした場合），これを利用してデータの抽出を行う．例えば，下部にある点数一覧から，チェックを入れたものだけを表示させることができる．加えて，より実際的な条件を設定することもでき，例えば，国語の点数が80点以上のものだけを抽出したい場合，図7.5.10の「数値フィルター」の項目を選択すると，抽出条件の一覧が表示されるので（図7.5.11），「指定の値以上」をクリックする．次に，図7.5.12の窓が現れるので，国語と書かれている下の入力欄に80を入力後，「OK」ボタンをクリックすると，国語が80点以上のデータ行のみが表示される（図7.5.13）．

定期試験の結果					
氏名	国語	数学	英語	理科	社会
浅田和真	68	71	72	77	73
伊藤一馬	75	81	85	90	78
江川智美	76	82	65	71	74

図7.5.9　フィルターの実行

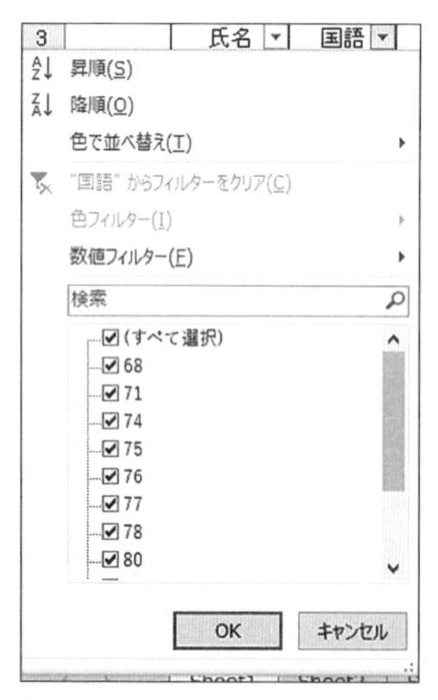

図7.5.10　フィルターのダイアログ

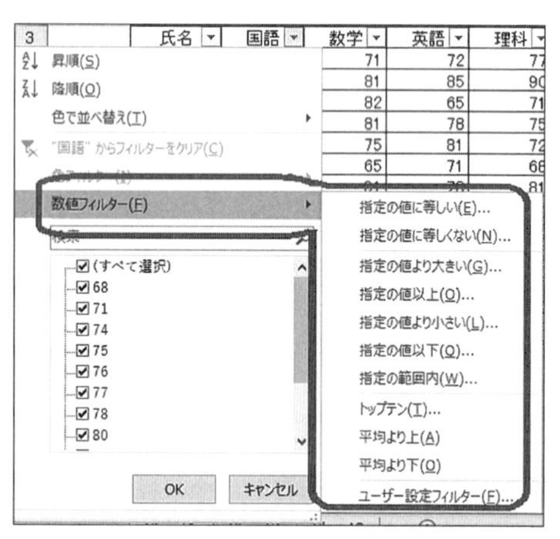

図7.5.11　数値フィルターの実行

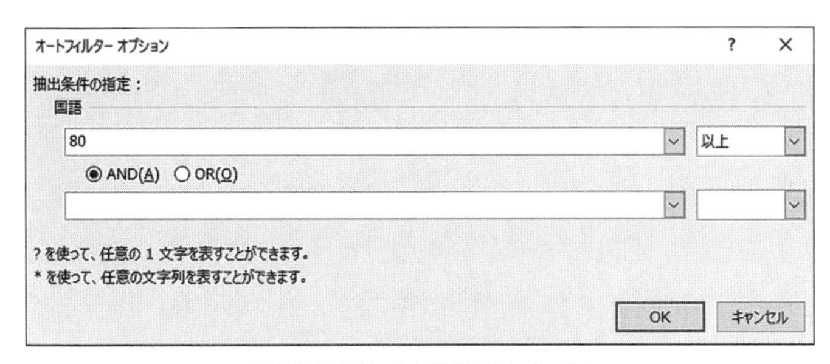

図 7.5.12　抽出条件の指定

定期試験の結果					
氏名	国語	数学	英語	理科	社会
加藤仁美	80	75	81	72	80
北口剛	93	91	78	81	80
木下雄介	80	94	93	87	90
柴田健	92	90	79	80	75
島口正志	80	84	83	78	84
滝川加菜	81	77	76	80	78
山本ひかる	82	80	86	80	77

図 7.5.13　フィルターの実行結果

このように，データ群から任意の条件に該当するデータのみ抽出可能だが，図 7.5.11 の条件一覧でわかるように，以上と以下はもちろんのこと，等しいや平均値を基準にした条件もあるので，用途に応じた抽出を行うことができる．

一方，データが数値ではなく，文字の場合は数値に対するフィルターとは異なり，テキストフィルターとなる（図 7.5.14）．文字の場合は，指定した文字が含まれている等の条件からデータを抽出することができる．

図 7.5.14　テキストフィルターの実行

「データ」タブのリボンには並べ替えやフィルター以外にも，さまざまな機能があるが，例えば，「取得や変換」リボンの機能はデータベースソフト「Access」に精通していないと扱えない等，専門知識を要する機能が多いので，本書では言及をさける．

7.6　より良い表を作成するために

最後に，より良い表を作成するために心がけるべきことについてふれておきたい．ただし，見た目がよい，見栄えがするといった表のデザイン性ではなく，データの集合体としての表の本質的な部分に言及する．

7.6.1　データベースとしての表の使用

・表のデータベース的利用

表が単発で作成されたもので，これ以上追加や変更等がないのであれば，あまり問題はないが，データベース的な機能を念頭に表を作成する場合，気をつけなければならないことがある．前節の図7.5.2の表の例で考えてみよう．図7.5.2の表は，「定期試験の結果」とタイトルに記述されていて，下に名前と各教科の点数が入力されていることから，試験結果の一覧表であることがわかる．しかし，継続的に使用するような場合ならば，つまり中学校や高校の定期試験の結果を想定するのであれば，中間や期末，学期（1～3学期）の要素が出てくることになる．また，何年も継続的にデータを蓄積する予定であれば，学年という要素も考慮に入れなければならない．読者の方は，これらの要素をどう加えるだろうか．

・タイトルへの要素の付加

表タイトルに要素を加えるのが手っ取り早いが，実は，図7.6.1のように，タイトルに付加するのはあまり良いとは言えない．例えば，図7.6.1では1学期中間としたが，1学期の期末試験の結果が出てきた場合どうするか．別の表をまた作るのでは，前節で解説したフィルターの機能で抽出して学期ごとデータを比較することが難しくなる．すなわち，中間のデータと期末のデータ両方を利用してデータとして分析することが困難になる．結果的に次の表が良いことになる．

定期試験の結果(1学年1学期中間)					
氏名	国語	数学	英語	理科	社会
山田隆之	78	68	59	67	71
加藤仁美	80	75	81	72	80
大西翔太	77	81	78	75	78

図7.6.1　タイトルへの要素の付加

・データ欄への要素の付加

要素をデータ欄に付加することが，表の今後の運用を考えるとき，最も良い方法である．図7.6.2の表であれば，同じ学生の学期ごとのデータはもちろん，同じ学期内のデータ一覧も抽出しやすくなる．この表がベストな状態だと考えるが，ここで1つの問題を提起したい．同姓同名の学生が出てきた場合，どうしたら良いだろうか．

定期試験の結果								
氏名	学年	学期	試験期	国語	数学	英語	理科	社会
山田隆之	1	1	中間	78	68	59	67	71
加藤仁美	1	1	中間	80	75	81	72	80
大西翔太	1	1	中間	77	81	78	75	78

図 7.6.2　データ欄への要素の付加

・学生番号（学籍番号）の付加

データ欄に付加することが，データベース的利用の場合に最適なので，同姓同名の学生であっても，学生番号は異なるので，番号の要素を表につけ加えれば良いこととなる（図 7.6.3）．

定期試験の結果									
氏名	番号	学年	学期	試験期	国語	数学	英語	理科	社会
山田隆之	34	1	1	中間	78	68	59	67	71
加藤仁美	15	1	1	中間	80	75	81	72	80
大西翔太	8	1	1	中間	77	81	78	75	78

図 7.6.3　学生番号の追加

・Excel の用途と表のデータベース的活用

さて，なぜ述べたようなことを説明してきたかと言うと，Excel の表でできることを端的に知ってほしいからである．Excel は表計算ソフトであり，データベースソフトではない．クラウド化して他者とファイル共有しやすくなり，Excel の表のデータを共同で保持することもあるかもしれないが，Excel の表をデータベース化するには限界があることを知ってほしい．例えば，述べてきたように，予期せぬ出来事が起こった場合（同姓同名の学生が現れる等），Excel の表に変更を加えるとかなりの労力を要する（これまでの学生のデータ全員に番号を加えなければならない）．加えて，フィルターの機能は列方向（縦方向）にしか使うことができず，表のデータ間に空白がある（例えば 1 ～ 3 列目まではデータがあり，4 列目が空白で，5 列目からまたデータがあるような場合）場合も使えない．さらには，図 7.6.3 の例でわかると思うが，試験期の「中間」というデータが何度も出てくることになってしまい，表のデータの冗長性が増し，ファイルサイズも大きくなってしまう．

本節のタイトルは「より良い表を作成するために」であるが，より良い表を作成するためには，第一に，Excel ができることを見極める知識を持つことである．単にデータを Excel に入力して作表すれば良いわけではなく，Excel が持つ，数値計算やグラフ作成機能といったような長所を生かす目的で使用すべきである．時に，多量のデータを Excel のファイルとして保存しているユーザーを見受けるが，10 年後にそのデータを使用できる，あるいは蓄積されて何十何百となった Excel ファイルを継続管理できるかと言えば，疑問符がつけられる．Excel の特色を生かす利用が，より良い表の作成につながると筆者は考える．

上で述べた問題を解決するために考え出されたのがデータベースシステムである．データベースシステムでは，これらの問題をうまく，かつ省力で解決できる．データを集積して，データベース的目的で利用したい場合には，専用のソフトを用いたほうがよい．Office にも Access というデータベースソフトがあるので，必要ならば勉強していただきたい．

演習問題

1　作表技術を問う問題

以下の表を作成しなさい.

九九の表									
	1の段	2の段	3の段	4の段	5の段	6の段	7の段	8の段	9の段
×1	1	2	3	4	5	6	7	8	9
×2	2	4	6	8	10	12	14	16	18
×3	3	6	9	12	15	18	21	24	27
×4	4	8	12	16	20	24	28	32	36
×5	5	10	15	20	25	30	35	40	45
×6	6	12	18	24	30	36	42	48	54
×7	7	14	21	28	35	42	49	56	63
×8	8	16	24	32	40	48	56	64	72
×9	9	18	27	36	45	54	63	72	81

2　作表と書式設定の技術を問う問題

以下の表を作成しなさい.

小数点表示	割合（%）表示	円表示	特殊表示
1.00	10%	¥10	00001
1.50	20%	¥100	00002
2.00	30%	¥1,000	00003
2.50	40%	¥10,000	00004
3.00	50%	¥100,000	00005

3 計算の技術を問う問題

以下の表の空欄部分を計算式を用いて計算しなさい.

品物の値段計算表				
製品名	価格	割引率	割引後価格	消費税込み価格（8％）
製品A	2450	10%	2205	2381.4
製品B	1250	12%		
製品C	3410	15%		
製品D	2800	15%		
製品E	3200	17%		

4 計算および関数を用いる技術を問う問題

以下の表の空欄部分を，計算式や関数を用いて計算しなさい[8].

ある植物の長さのデータ			
データ番号	データ値	データ-平均値（偏差）	偏差の2乗
1	21.6	-1.171428571	1.372244898
2	22.4		
3	21.3		
4	25.6		
5	24		
6	21.4		
7	23.1		
平均値		偏差の2乗の合計	
		偏差の2乗の合計÷データ個数（分散）	
		分散の平方根（標準偏差）	

最終的な計算値（標準偏差）は1.472329821となる.

8　標本から母集団を推測する場合に用いる．自由度の概念は考慮していない.

5　関数を用いる技術を問う問題

以下の表の空欄部分を，関数を用いて計算しなさい．

走り幅跳びの測定結果（m）								
氏名	1回目	2回目	3回目	4回目	5回目	成功回数	最大記録	平均記録
中島孝之	6.8	ファウル	7.1	6.3	ファウル			
酒井洋一	7.2	7.0	6.9	7.2	7.3			
竹田巧	6.7	6.5	ファウル	6.9	6.8			
山中譲	ファウル	6.8	7.1	7.4	ファウル			
間島進太郎	7.2	ファウル	7.2	6.9	6.8			
参加人数								

6　関数を用いる技術を問う問題

以下の表の空欄部分を，関数を用いて計算しなさい．

月別売上表							
商品名	4月	5月	6月	平均売上高	四捨五入値	切り上げ値	切り捨て値
A	123450	134500	135000	130983.3333	130983	130984	130983
B	472100	582300	498200				
C	345600	365150	374100				
D	117850	95210	132550				
E	265300	215350	223250				

7　関数を用いる技術を問う問題

以下の表の合計の空欄を関数を用いて計算し，判定の空欄には，if 関数を用いて，合計点が120点以上ならば合格と表示，そうでなければ不合格と表示しなさい．

氏名	中間試験	期末試験	合計	判定
中島孝之	78	81		
酒井洋一	75	68		
竹田巧	88	91		
山中譲	77	66		
間島進太郎	63	50		

8　グラフ作成技術を問う問題

以下の表から，棒グラフを作成しなさい．

洋菓子の売上表	
品名	個数
ショートケーキ	74
チョコレートケーキ	52
シュークリーム	56
プリン	37
チーズケーキ	47
ティラミス	44

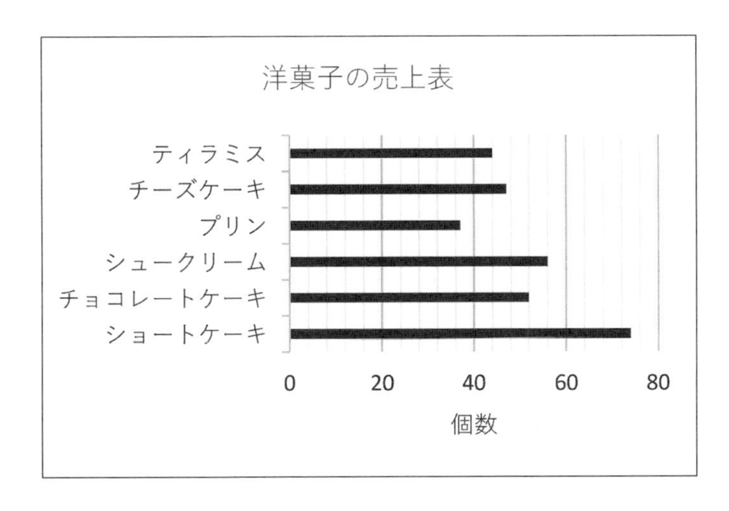

9　グラフ作成技術を問う問題

以下の表から，折れ線グラフを作成しなさい．

千葉県銚子港の朝の満潮潮位(気象庁のデータより)	
日にち	潮位
5月6日	109
5月7日	114
5月8日	119
5月9日	123
5月10日	127
5月11日	129
5月12日	131
5月13日	132

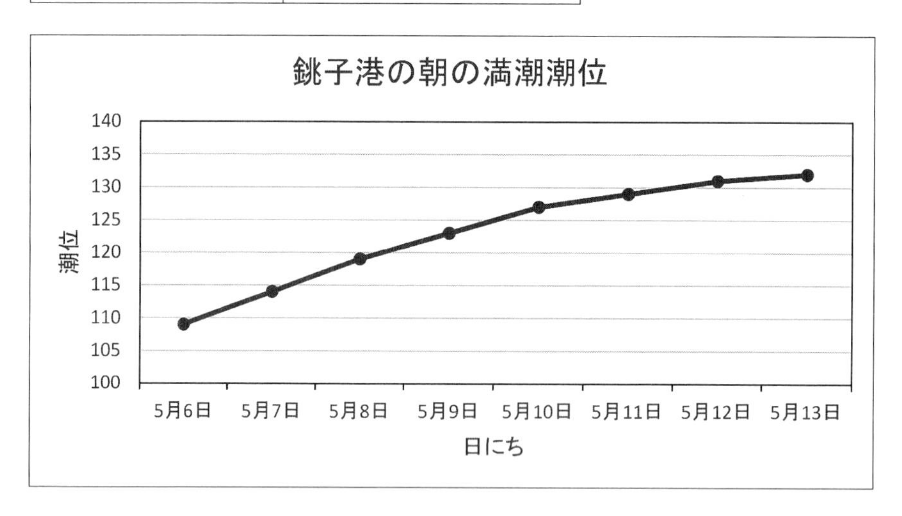

10 グラフ作成技術を問う問題

以下の表から，円グラフを作成しなさい[9]．

もの都道府県別収穫量	
都道府県	収穫量（トン）
山梨県	39900
福島県	29300
長野県	16100
和歌山県	9870
山形県	9180
その他	23000

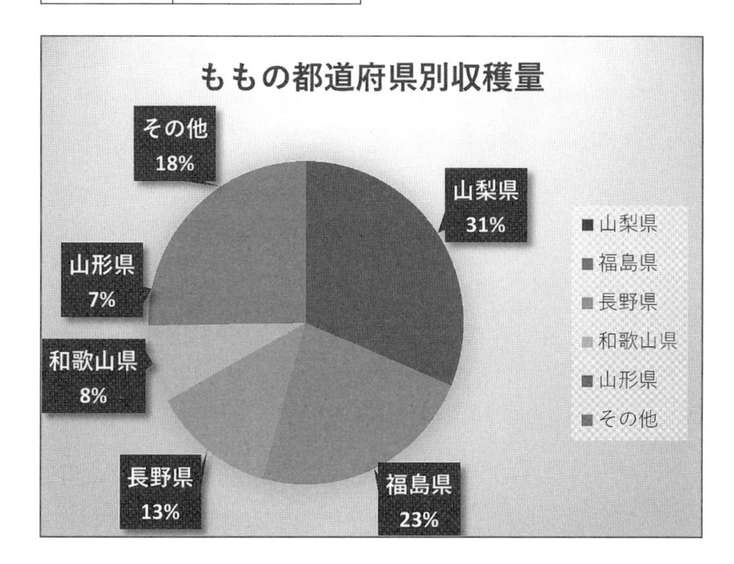

[9] データは農林水産省の HP から取得した．

第8章

PowerPoint 2016 の操作方法

PowerPoint はプレゼンテーション用ソフトである．簡単に言えば，プレゼンテーションとは，何かを発表することを意味するので，発表のために用いるソフトということになる．発表を聞く聴衆は，耳からの情報だけではなく，併せて視覚的な情報もあると発表の内容を理解しやすい．また，口頭だけでは伝えにくい情報も視覚的に提示するとわかりやすい．PowerPoint はプレゼンテーション時に視覚的な情報を提示するソフトであり，口頭発表を助ける役割を担う．

PowerPoint の主要な機能は以下である．

1．プレゼンテーションに用いるスライド（提示資料）を作成する．

2．作成したスライドを表示して，プレゼンテーションを行う．

8.1 PowerPoint の基本操作

はじめに，PowerPoint の画面や基本操作について知っておこう．

8.1.1 PowerPoint の画面

図 8.1.1 が PowerPoint の初期画面となる．メニューやリボンの配置は Word や Excel と同じだが，メインとなる画面は異なり，ペイン（Pane：窓枠）と呼ばれるもので仕切られていて，左側の「スライド一覧ペイン」と最も大きい「スライドペイン」，下部の「ノートペイン」からなる．

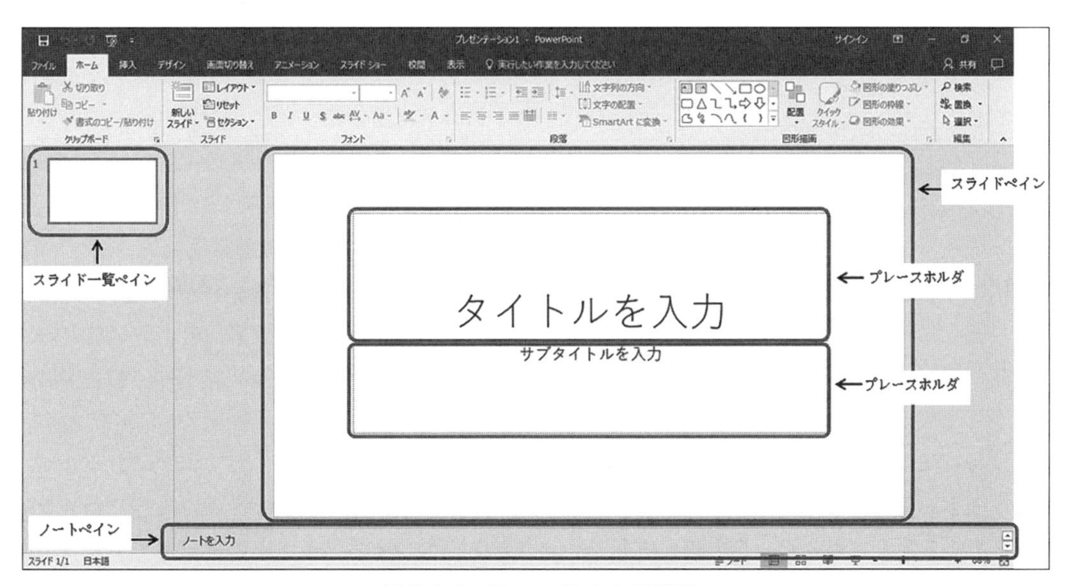

図 8.1.1　PowerPoint の画面

ノートペインは初期状態では非表示になっているが，最下部にある「ノート」と表示されているボタンをクリックすると，表示することができる．一般的に，プレゼンテーションでは何枚ものスライドを使用するので，「スライド一覧ペイン」ですべてのスライドを表示し，「スライドペイン」では選択された1枚のスライドを表示する．「ノートペイン」はそのスライドに対するメモ，注意事項等を記述する場所であり，実際のプレゼンテーション時に画面に表示されることはない．

「スライドペイン」に表示されるスライドは1枚のスライド全体であり，「タイトルを入力」と表示されているように（図8.1.1），文字や数字を入力できる場所がある．これを「プレースホルダ」と言い，スライドの種類によってプレースホルダの場所は異なる（図8.1.1はタイトルスライド）．

PowerPointでは，コンテンツ（文字や数字等）に対する考え方がWordやExcelとは異なる．Wordでは，決まった書式（原稿サイズや行数等）に従った文章を入力し，図形等その書式外となるものはオブジェクトとして扱った．Excelにおいても，表の形式に従って数値や文字等を入力し，グラフ等，表の書式外のものはオブジェクトとして扱っている．PowerPointでもプレースホルダがあるので，定められた書式があるように感じるが，プレースホルダは便宜上あるもので，PowerPointに書式はない．すべてのコンテンツはWordやExcelにおけるオブジェクトのような扱いである．つまり，すべてのコンテンツを任意の場所に配置することができるようになっていて，行等があるわけではない．

8.1.2　スライドに対する基本操作

スライド作成はスライドペイン画面で行う．例えば，プレースホルダがあるスライドでは，それを利用して文字等を入力できる（図8.1.2：タイトルスライド）．しかし，前でも述べたが，プレースホルダは便宜上あるものなので，実際，プレースホルダを選択して Delete キーで削除してみると，プレースホルダ自体を削除できる．

図8.1.2　タイトルスライドの作成

2枚目以降のスライドを作成したいときは，「ホーム」タブの「スライド」リボンにある「新しいスライド」をクリックする（図8.1.3）．スライドの種類一覧が表示され，目的に応じたスライドを選択することになるが，自らが作成したいスライドに合致するスライドの種類がない場合もあると思う．その場合，「白紙」（プレースホルダがない）を選択すると良い．スライドの種類につい

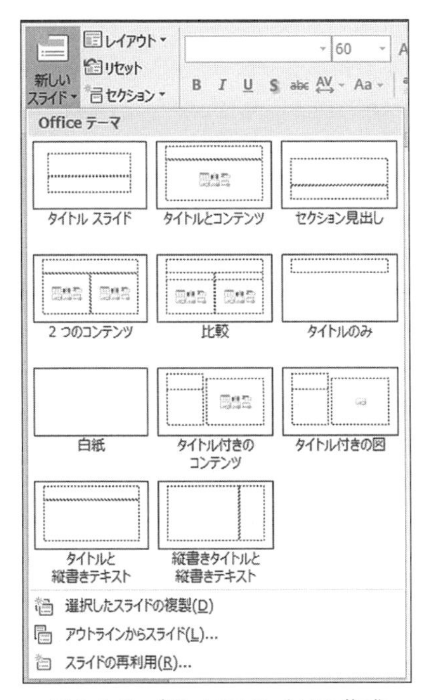

図 8.1.3 新しいスライドの作成

図 8.1.4 スライド一覧ペインへの
スライドの追加

ては，決定後でも，変更可能で，「スライド」リボンの「レイアウト」で変えることができる．また，「リセット」ボタンは，プレースホルダの位置を変更した場合，初期状態に戻す機能である．

PowerPoint には書式がないので，白紙の方が自由なレイアウトのスライドを作成しやすい．スライドの種類を決めてクリックすると，2 枚目のスライドが追加される（図 8.1.4：スライド一覧ペイン）．プレースホルダのない「白紙」を選択してスライドをどう作成するか，については次節で詳細に解説する．

スライドの順序を変更したい場合（例：1 枚目と 2 枚目の順序を逆にしたい）は，スライド一覧ペインの簡単な操作で可能である．順序を変更したいスライドを選択し，ドラッグ&ドロップ（順序を変えたいスライドを選択して，変えたい位置までドラッグして，ドロップする）で変更できる．また，スライドを削除したい場合は，スライド一覧ペインで削除したいスライドを選択して，Delete キーで削除する．スライド一覧ペインで右クリックしても，「レイアウト」，「リセット」，「スライドの削除」，「スライドの複製（コピー）」等ができる．

8.2 スライドの作成

スライドにはプレースホルダが備えられているスライド（図 8.1.3）があるが，それらのスライドに頼らなくてもスライド作成が可能である．本節ではスライドの作成方法について解説する．

8.2.1 白紙スライドからのスライド作成

前節で述べたように，PowerPoint では文書等含め，すべて Word や Excel のオブジェクト扱いとなるコンテンツをスライド上に置くので，決まった書式がない，ということは，Wordのオブジェクトにあたるものを自由に置くことができる．図8.2.1を見ていただきたい．このスライドは白紙のスライドから作成したもので，「ホーム」タブの「図形描画」リボンのテキストボックスを利用して文章を入力している（加えて，フォントサイズ等を変更している）．このように，スライド内にオブジェクトにあたるもの（図形，画像，イラスト等）を自由に置くことができる．つまり，任意の場所にコンテンツを置き，望むようなレイアウトにすることが可能である．挿入の仕方については，Wordにおける操作と同じなので操作しやすい．１枚目のスライドでは，プレースホルダがあるタイトルスライドで作成したものだが，もちろん，白紙のスライドからタイトルスライドと同じものを作成できる．

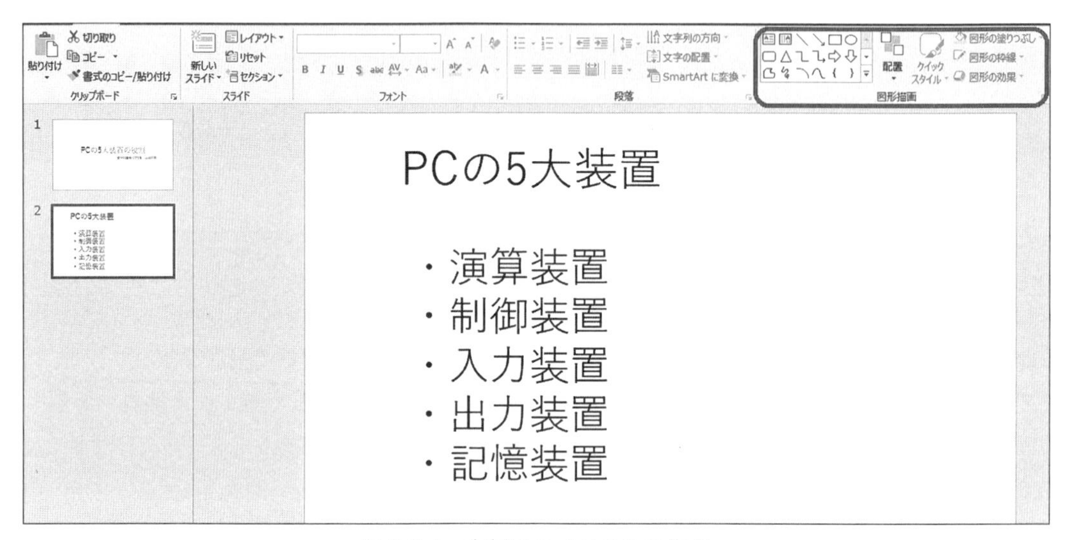

図8.2.1　白紙スライドからの作成

プレゼンテーションはもちろん，書物やレポート等においても，その中身が核心の部分ではあるが（どれだけ良い内容であるか），プレゼンテーションでは特に，見た目（見栄えの良さ）が重要な部分を占める．図8.2.1のスライドには文字が書かれているだけであり，殺風景で人の目をひかない．これゆえ，スライドの見た目を良くするデザインが「デザイン」タブの「テーマ」リボンにテンプレート（ひな型）として挙げられている（図8.2.2）．このテンプレートは種類が多く（図8.2.3），自由に選択でき，スライドのデザイン性を高められる．また，適用するスライドも変更可能で，適用したいテンプレート上で右クリックすると，図8.2.4の画面が表示され，デザインをスライド一覧にあるスライドすべてに対して適用するか，あるいは選択しているスライドのみに適用するかを決めることができる．

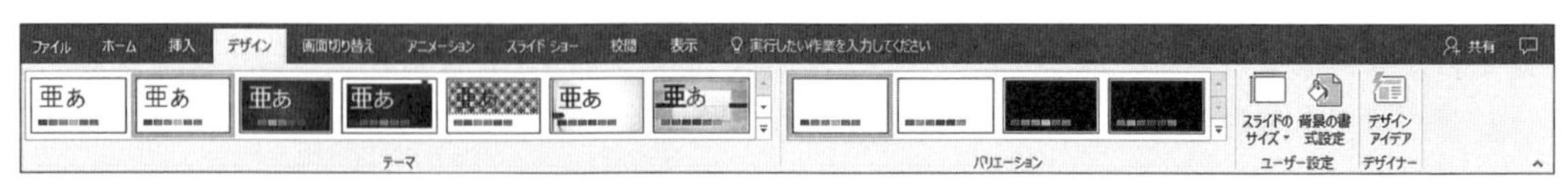

図8.2.2　デザインタブ

図 8.2.3　スライドのデザイン一覧

デザインを適用すると，図 8.2.5 のようになる．スライドのデザイン性が増し，聴衆の目がスライドへ向きやすくなるので，プレゼンテーションの効果をより高められる．「デザイン」タブには他にも，バリエーションのリボンがあり，スタイルは同じで色合いだけを変えられる機能もある．

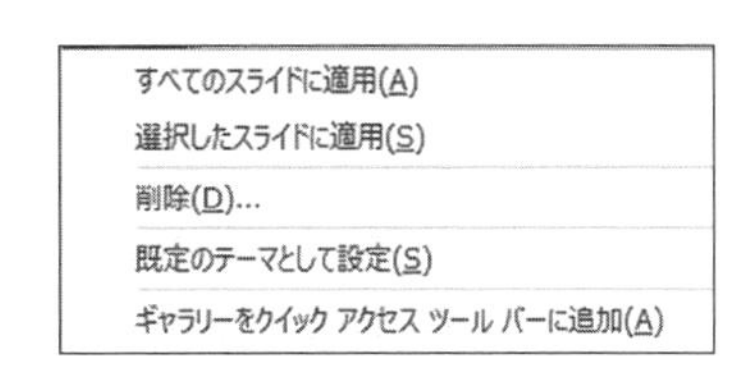

図 8.2.4　デザインを適用するスライドの選択

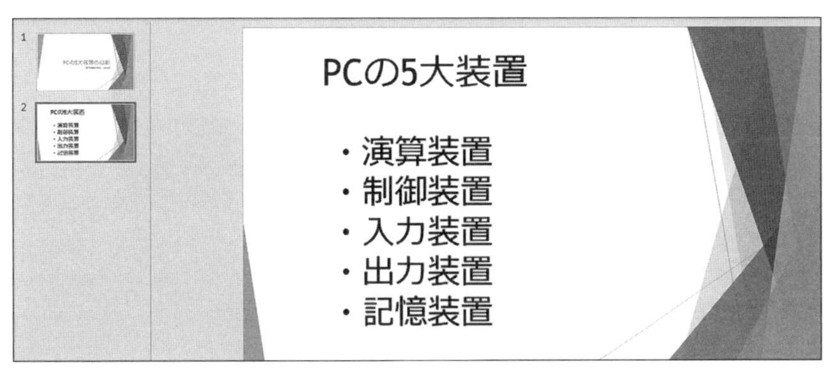

図 8.2.5　デザインを適用したスライド

8.2.2　さまざまなコンテンツの挿入

スライド上には，図形や図だけではなく，さまざまなオブジェクトを挿入できる．オブジェクトの挿入は「挿入」タブリボンの機能を用いる（図 8.2.6）．表，画像，ワードアート等多種多様なオブジェクトを挿入し，スライドの内容を充実させることが可能となる．これらについては Word と同じような機能であり，第 6 章で詳しく解説しているので，そちらを読んでいただきたい．

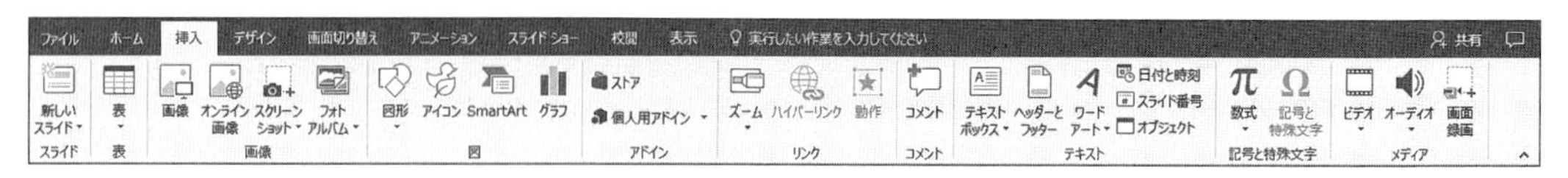

図 8.2.6　挿入タブ

8.3 プレゼンテーション

何を発表するかを考え，それに基づいたスライドの作成終了後，いよいよ実際のプレゼンテーションとなる．PowerPoint は実際のプレゼンテーション時の機能も充実している．

8.3.1 スライド ショー

実際のプレゼンテーション時に用いるのが，メニューの「スライド ショー」タブの機能である（図 8.3.1）．「スライド ショーの開始」リボンの「最初から」をクリックすると，スライド一覧ペインにあるスライドの 1 枚目から，「現在のスライドから」をクリックすると現在選択されているスライドからスライド ショーを行う．スライド ショーを行うと，スライドは全画面表示（ディスプレイ全画面に表示）され，Enter キーや矢印キー等を押すと次のスライドが表示されるようになる．プレゼンテーション時の視覚的補助資料として有用な機能である．

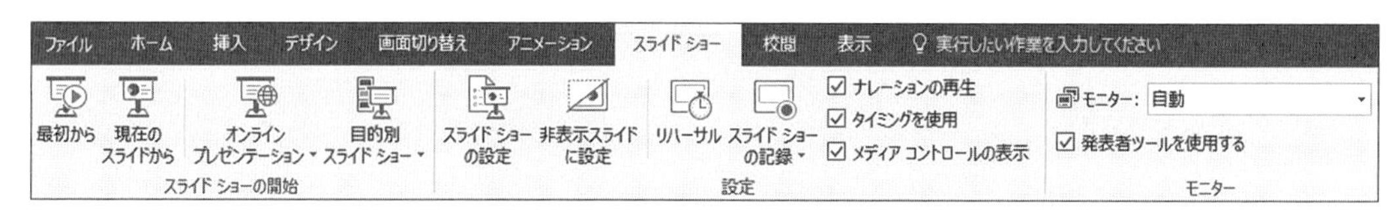

図 8.3.1　スライド ショータブ

「目的別スライド ショー」は，20 分間のプレゼンテーションを想定したスライドであるが，15 分のスライドに変更するといったような場合や，聴衆の異なる会場でのプレゼンテーションをしなければならないといった場合に，すべてのスライドを全画面表示せず，表示するスライドと表示しないスライドをあらかじめ設定しておくことができる機能である．同じようなプレゼンテーションを何度も行う場合に，この機能を利用することで，1 つのファイルで時間や目的に応じて表示スライドを変えることができる．

8.3.2 画面切り替え効果

スライド ショー時，一種のアクセント的な視覚効果をつけたい場合，画面切り替え効果の機能を利用する．画面切り替え効果とは，あるスライドから次のスライドに切り替わる瞬間に，特殊な視覚的効果を表示するものであり，「画面切り替え」タブの「画面切り替え」リボンを用いる（図 8.3.2）．「画面切り替え」リボンの一覧には多くの種類がある（図 8.3.3）．効果の種類は「シンプル」，「はなやか」，「ダイナミック コンテンツ」に分類されていて，それぞれが特徴的な動きをする．しかし，これらを適用しすぎると，切り替えの動きに注目が集まってしまい，スライドのコンテンツが薄れてしまう等，使い方次第では，プレゼンテーション本来の目的を妨げてしまう場合があるので，注意しなければならない．

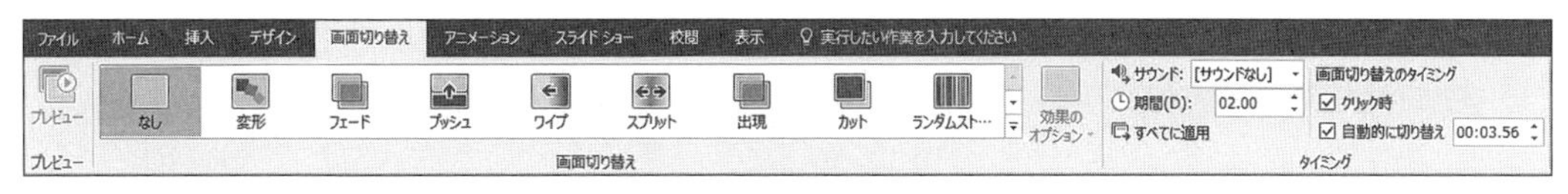

図 8.3.2 画面切り替えタブ

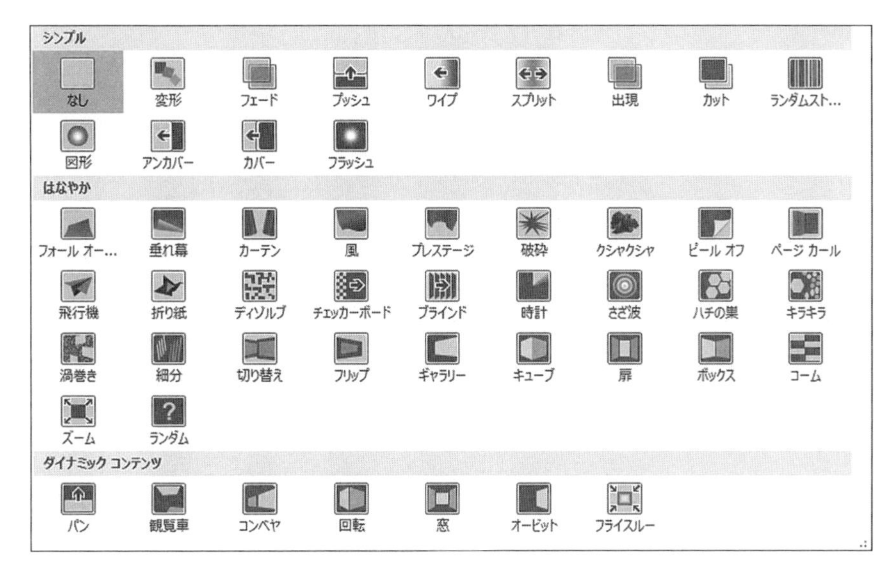

図 8.3.3 画面切り替えの種類一覧

切り替え効果はスライドの表示前の効果として扱われるので，例えば，あるスライドと次のスライドの切り替え時に効果を用いたい場合は，次のスライドに対して効果を適用しなければならない．効果を適用したスライドには，図 8.3.4 のように，スライド一覧ペインのスライド左脇に星の形をしたマークがつけられる．切り替え効果を解除したい場合は，星のマークがついたスライドを選択して，切り替え効果の「なし」を適用するとよい．

図 8.3.4 切り替え効果を適用したスライド

8.3.3 アニメーション

画面切り替え効果と同様な効果を，スライド内の個別のオブジェクト（コンテンツ）に対しても付加できる．「アニメーション」タブの「アニメーション」リボンで行うが，個別のオブジェクトに対する効果なので，オブジェクトを選択しないと「アニメーション」リボンの効果はアクティブ（操作可能：各効果が緑色になる）にならない（図 8.3.5）．効果を適用したオブジェクトには，図 8.3.6 のようにオブジェクト左脇に番号がつけられ，効果が適用されているオブジェクトであることが示される．効果を解除したい場合は，画面切り替え効果と同様に，解除したいオブジェクトを選択して効果の「なし」に切り替える．画面切り替え効果では星のマークが表示されたが，アニメーションでは番号が表示された．スライド上にはオブジェクトが数多くあり，それぞれのオブジェクトにアニメーションをつける必要性がある場合，どの順番でアニメーションを行うかについて明確にするために，番号がつけられる．

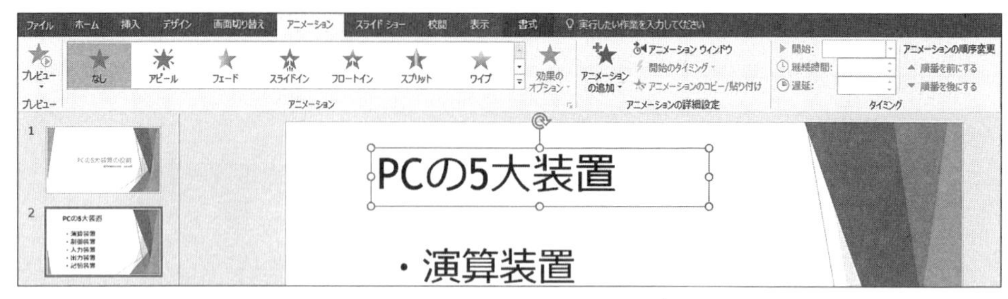

図 8.3.5　アニメーションタブ

図 8.3.6　アニメーションを適用したオブジェクト

切り替え効果同様，アニメーションの種類も多岐にわたるが（図 8.3.7），大きく分けて 4 つに分けることができ，それぞれのアニメーションは表 8.3.1 で示すような動きをする．

図 8.3.7　アニメーションの種類一覧

表 8.3.1 アニメーションの分類

開始	コンテンツをあらかじめスライド上に表示せず，画面に現すアニメーション
強調	あらかじめ表示しているコンテンツを，さらに強調するようなアニメーション
終了	表示しているコンテンツを，スライド上から消すようなアニメーション
アニメーションの軌跡	アニメーションの軌道を，ソフトに用意されている動きに加えて，ユーザーが自由に設定可能

アニメーションにはより細かな設定が可能である．例えば，「効果のオプション」ボタンをクリックすると，そのアニメーションに応じた変更ができる（図 8.3.8：開始アニメーションのワイプを適用した場合）．「方向」では出現する方向，「連続」では複数の項目がある場合の表示の仕方を決める．この他，アニメーション自体の時間や，アニメーションの出現時間も設定可能で，「タイミング」リボンの「継続時間」を変更するとアニメーション自体の長さ，「開始」の項目を変更すると出現のタイミングを設定できる．開始のタイミングは，「クリック時」，「直前の動作と同時」，「直前の動作の後」の 3 つがあり，「クリック時」は，マウス左クリックあるいは Enter キーを押した瞬間，「直前の動作と同時」は，直前のアニメーションと同時（結果的に，2 つ以上のアニメーションが同時に実行される），「直前の動作の後」は直前のアニメーションの直後にアニメーションが開始される．1 つのコンテンツに対して複数のアニメーションを施すことも可能である．アニメーションは「アニメーションウィンドウ」ボタンでも設定可能で，ボタンをクリックすると画面右にアニメーションウィンドウが現れ（図 8.3.9），アニメーションの効果を一括設定することができる．

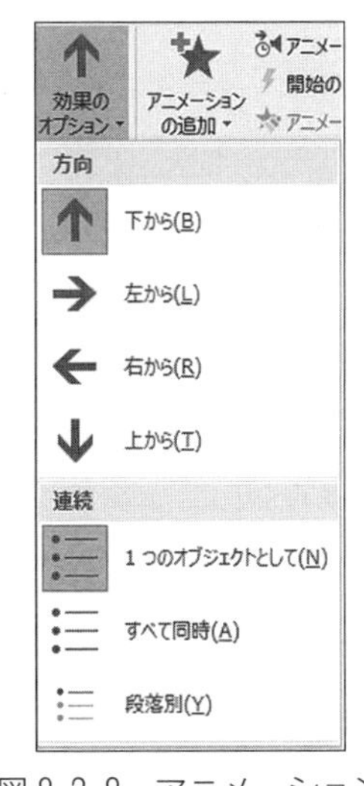

図 8.3.8 アニメーション動作の設定

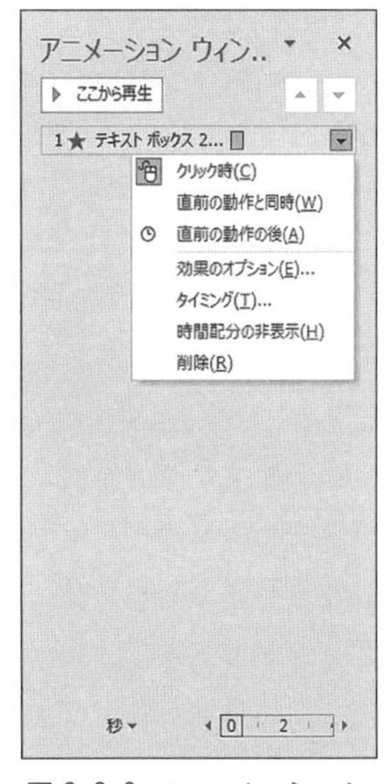

図 8.3.9 アニメーションの時間の設定

8.3.4 プレゼンテーションの予行演習

PowerPoint には，プレゼンテーションの予行演習をするための機能も備わっており，「スライドショー」タブの「設定」リボンを用いる（図 8.3.10）．「リハーサル」をクリックすると，スライド ショーを開始する．ただ，予行演習のための機能なので，プレゼンテーション時間の記録を行うためのタイマー（ストップウォッチ機能）が左上に表示される（図 8.3.11）．時間は，プレゼンテーションの可否を決める重要な要素となるので，練習の際には有用である．実際のプレゼンテーション時には，緊張感が手伝って口頭発表が早くなってしまうことが多い．プレゼンテーション時間について事前に把握しておくことは，プレゼンテーションを行うにあたって必須である．予行演習なしでプレゼンテーションに臨むのは危険であり，よほど場慣れしていないと難しいので，予行演習は必ず行ってほしい．「リハーサル」には，最後のスライド表示が終わった時に，プレゼンテーション開始から終了までの時間の記録をとる機能もある（図 8.3.12）ので，便利である．

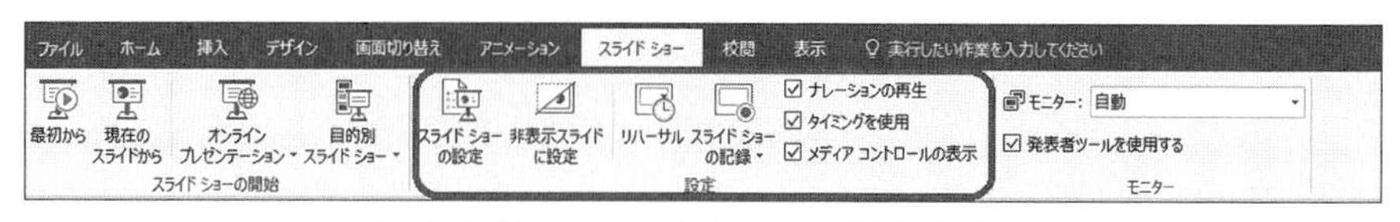

図 8.3.10　スライドショーの設定リボン

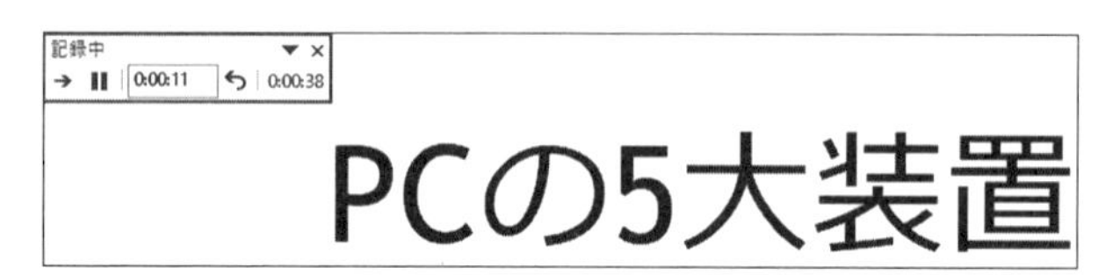

図 8.3.11　リハーサルのストップウォッチ機能

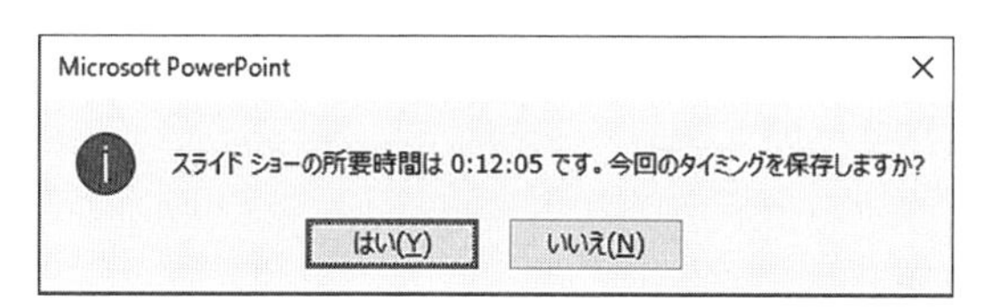

図 8.3.12　リハーサル時間の記録

8.3.5　PowerPoint のその他の機能

大きなスクリーンにスライドを提示する形式の発表だけが，プレゼンテーションとは限らない．発表者の資料やデータを聴衆もメンバーとして共有し，かつある程度の時間，精査および熟慮を重ねなければならない場合もある．このような場合には，資料（紙媒体）として聴衆全員に配布することが必要となる．PowerPoint には，スライドを配布資料として印刷することが可能で，印刷の設定の項目で行う（図 8.3.13）．配布資料としての印刷では，1～9枚のスライドを任意に印刷可能となる．配布資料として細かな設定を行いたい場合は，「表示」タブの「マスター表示」リボンの機能を用いる．

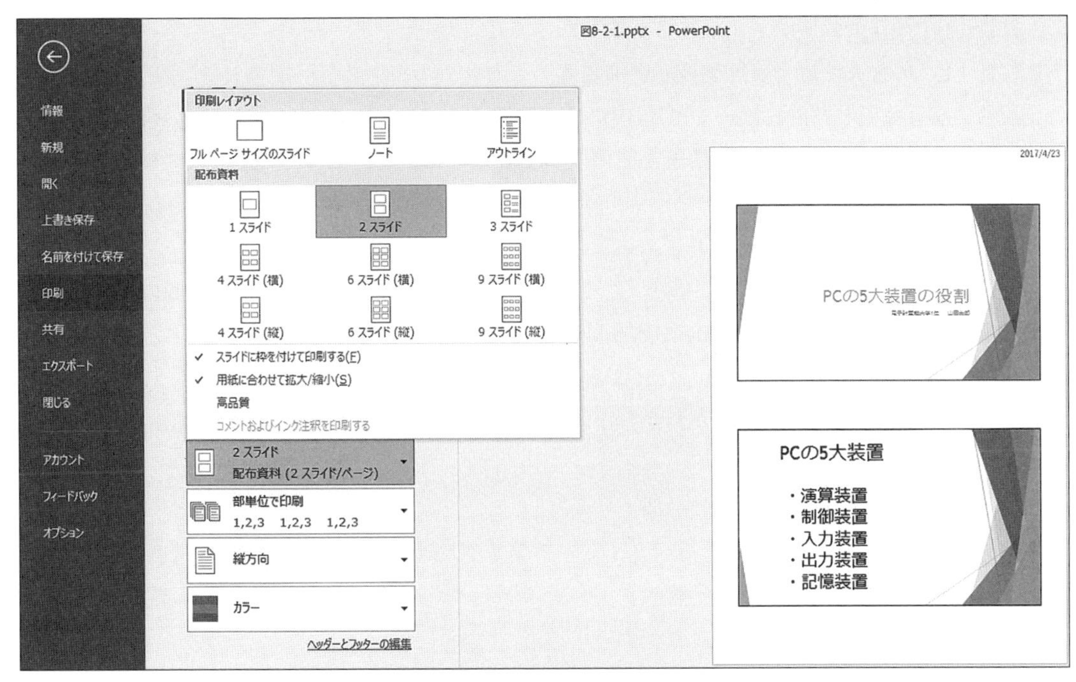

図 8.3.13　配布資料の印刷

8.4　より良いプレゼンテーションを行うために

PowerPoint の操作を習得したと同時に，良いプレゼンテーションをできる能力が身についた，とはならない．本節では，なるべく良いプレゼンテーションを行うために心がけるべき点を挙げる．

8.4.1　プレゼンテーションにおける注意点

・聴衆の把握

本書の第 6 章（Word の章）の 6.8 でふれたことと本質的には同一であり，誰を対象にしたプレゼンテーションなのかを考えることである．これについては，どういったプレゼンテーションを行うかの企画段階で入念に考慮しなければならない．なぜなら，聴衆次第でスライドの構成や載せるコンテンツが変わるからである．例を挙げて説明する．

<例：PC の 5 大装置がどういった装置かを発表したい>

聴衆の想定①：ある程度 PC に慣れ，Office 等も使用した経験がある人．

PC をある程度知っている人が対象なので，PC とは何かを説明することから始めなくても構わないと予想できる．とすれば，以下のようなスライド構成が考えられる．

(1)　スライドの構成企画①（最初の一部）

1枚目：PCの5大装置（タイトルスライド）

2枚目：PCの5大装置（演算装置，制御装置，入力装置，出力装置，記憶装置）

3枚目：演算装置と制御装置→CPU（中央処理装置：Central Processing Unit）：画像をのせる

以上のようなスライド構成が，構成企画の段階で考えられるであろう．では，次の聴衆の場合はどうなるか考えてみてほしい．

聴衆の想定②：PCについて詳しくない．たまにインターネットとE-mailを使う程度の人．

この聴衆に対してはスライド構成が難しい．もちろん，聴衆①に対するスライドと同じ構成では，うまく伝えることができない．なぜなら，PC自体の知識が少ない人に対して，いきなりPCの5大装置と伝えても，何のことかわからないだろうと容易に想像できるからである．さて，読者の方はどう考えるだろうか．

(2)　スライドの構成企画②（最初の一部）

1枚目：PCは5つの装置からなる（タイトルスライド）

2枚目：PCの機器の種類（キーボード，ディスプレイ，本体，その他（プリンタ等）：イラストあるいは画像があった方がよい）

3枚目：PC本体の構造（マザーボード，CPU，GPU，メモリ，ハードディスク）：画像を入れるべき

4枚目：PCを構成する機器は5つに分けられる（5大装置：演算装置，制御装置，入力装置，出力装置，記憶装置）

筆者は上のようなスライド構成を考える．2枚目と3枚目については，コンテンツが多くなることが想定できるので，その場合は複数枚のスライドに分ける．このように，聴衆次第でスライドの構成を変えなければならない．また，聴衆①に対して用いたタイトル（PCの5大装置）も聴衆②に対しては変えた方が良い（PCは5つの装置からなる）．

例でわかると思うが，第1に考えるべきは聴衆である．プレゼンテーションを行う際には，どのような聴衆であるかを想定してスライド構成を考えるべきである．

・スライドに載せるコンテンツ

スライドはプレゼンテーションの補助的役割を担うものである．したがって，原稿そのままを載せるような性質のものではない（論文や書物とは異なる）．伝えたいことに関する重要なキーワード，あるいは言葉で説明することが難しいもの（画像，グラフ等）を視覚的に聴衆にわかりやすく伝えるためにある．これゆえ，スライドに載せる文章や画像は，プレゼンテーションの進行を包括的かつ端的に伝えられることのみに限るべきである．スライド上に表示するコンテンツが少ないと聴衆に対するインパクトは大きいが，伝えられる情報は少なくなる．逆に多すぎると，伝えられる情報は多くなるが，聴衆はスライドに意識が向いてしまい，口頭の発表自体が頭に入らなくなる．これらのバランスをよく考えて，スライド上に表示する情報量を考えてほしい．加えて，プレゼンテーションを行う会場があらかじめわかっている場合には，会場の広さ等を考慮し，最も後ろにいる聴衆にも伝えられるような大きさのコンテンツにすることも忘れてはならない．

・スライドに対する特殊効果

学術的あるいはビジネス的プレゼンテーションの場合には，内容をいかに正確に伝えるかが重要である．確かに，特殊効果は一種のアクセントとしての効果はあるが，つけすぎると本来の目的を邪魔してしまう可能性がある．つまり，特殊効果に意識が向いてしまい，内容が正確に伝わらない原因となりうる．したがって，画面切り替え効果やアニメーションは極力控えるか，使用してもなるべく目的を損なわないような形にすることを心がけるべきである．

・スライドデザインの統一性

プレゼンテーションにおいては，スライド全体に統一感がなければ不快に感じる．これは，語尾が「である」と「ます」が混在する文章が読みにくいのと同じである．例えば，１枚目は背景が赤，２枚目は黒，３枚目は青，というように，デザインに一貫性のないスライドは聴衆を混乱させる．こういったスライド構成は，プレゼンテーションの妨げとなるので，デザインはなるべく統一性を持たせるべきである．

・プレゼンテーション時間

例外もあるが，プレゼンテーションでは，その時間があらかじめ決まっていることが多い．プレゼンテーションを行う場合，なるべく決められた時間に終わるようなスライド構成，かつそれに伴う発表内容にするように，事前に入念に検討するべきである．終了の時間を超えてしまうと，聴衆の聞く意識は大幅に低下する．逆に，早く終えてしまうと聴衆は落胆する．決められた時間にあったプレゼンテーションになるように考慮しなければならない．スライドのコンテンツの量にも左右されるが，筆者の経験では，スライド１枚あたり約１分程度が目安である．

・予行演習

プレゼンテーションをより完璧なものにするためには，予行演習が必要である．プレゼンテーション本番では，緊張のため，話すべきことを忘れてしまう，あるいは，マイクのボリュームが上がらない等，事前には予期していないことが起こりうる．プレゼンテーションの予行演習を行うと，不意のトラブルへの対処の訓練にもなり，発表原稿があった方がよい等，さまざまなことに気づくことができる．そして，演習時には，できれば何人かの人に聞いてもらう方がよい．話すペース，余分な情報，不足している情報，わかりにくい点等，自分では気づきにくい部分を指摘してもらうことができる．

演習問題

1　プレゼンテーション用スライド作成技術を問う問題

日本三景は，宮城県の松島，京都府の天橋立，広島県の宮島を指す．これと同じように，日本には，三○○，あるいは三大○○と呼ばれるものが他にもたくさん存在する．三○○と呼ばれるものを一つ選んで紹介するスライドを作成しなさい．スライド数は6枚とする（タイトルスライド除く）．

2　プレゼンテーション用スライド作成技術を問う問題

世界遺産から一つを選び，世界遺産に選ばれた理由とその見どころを紹介するスライドを作成しなさい．スライド数を10枚とする（タイトルスライド除く）．

3　プレゼンテーションの技術を問う問題

学術的な知識を，中学年の小学生に対してプレゼンテーションすることを想定したスライドを作成しなさい．スライド枚数は何枚でも構わない．

＜例＞　1枚目（タイトル）：鳥はすごい．
2枚目：鳥は空を飛べる．
3枚目：空を飛ぶために必要なこと（翼をもつ，軽くなる）．
4枚目：手を翼に変える．
5枚目：翼が左右連動して動く．
6枚目：糞を尿と一緒に出す．
7枚目：骨の重さを軽くする．
8枚目：砂袋が歯とあごの骨の代わりをする．
9枚目：頭をなるべく小さくする．
10枚目：進化ってすごい．

4　プレゼンテーションの技術を問う問題

演習問題3のプレゼンテーションの内容を，一般向け（大人）に対して行う場合，どう変えるべきかを考えなさい．

付録1 ローマ字 / かな対応表

あ	あ	い	う	え	お
	a	i	u	e	o
	ぁ	ぃ	ぅ	ぇ	ぉ
	xa	xi	xu	xe	xo
	la	li	lu	le	lo
		いぇ			
		ye			
	うぁ	うぃ		うぇ	うぉ
	wha	whi		whe	who
		wi		we	
か	か	き	く	け	こ
	ka	ki	ku	ke	ko
			cu		
			qu		
	きゃ	きぃ	きゅ	きぇ	きょ
	kya	kyi	kyu	kye	kyo
	くゃ		くゅ		くょ
	qya		qyu		qyo
	くぁ	くぃ	くぅ	くぇ	くぉ
	qa	qi	qu	qe	qo
	qwa	qwi	qwu	qwe	qwo
		qyi		qye	
さ	さ	し	す	せ	そ
	sa	si	su	se	so
		ci			
		shi			
	しゃ	しぃ	しゅ	しぇ	しょ
	sya	syi	syu	sye	syo
	sha		shu	she	sho
	すぁ	すぃ	すぅ	すぇ	すぉ
	swa	swi	swu	swe	swo
た	た	ち	つ	て	と
	ta	ti	tu	te	to
		chi	tsu		
			っ		
			ltu		
			xtu		
	ちゃ	ちぃ	ちゅ	ちぇ	ちょ
	tya	tyi	tyu	tye	tyo
	cha		chu	che	cho
	cya	cyi	cyu	cye	cyo
	つぁ	つぃ		つぇ	つぉ
	tsa	tsi		tse	tso
	てゃ	てぃ	てゅ	てぇ	てょ
	tha	thi	thu	the	tho
	とぁ	とぃ	とぅ	とぇ	とぉ
	twa	twi	twu	twe	two
な	な	に	ぬ	ね	の
	na	ni	nu	ne	no
	にゃ	にぃ	にゅ	にぇ	にょ
	nya	nyi	nyu	nye	nyo
は	は	ひ	ふ	へ	ほ
	ha	hi	hu	he	ho
			fu		
	ひゃ	ひぃ	ひゅ	ひぇ	ひょ
	hya	hyi	hyu	hye	hyo
	ふゃ		ふゅ		ふょ
	fya		fyu		fyo
	ふぁ	ふぃ	ふぅ	ふぇ	ふぉ
	fwa	fwi	fwu	fwe	fwo
	fa	fi		fe	fo
		fyi		fye	

ま	ま	み	む	め	も
	ma	mi	mu	me	mo
	みゃ	みぃ	みゅ	みぇ	みょ
	mya	myi	myu	mye	myo
や	や		ゆ		よ
	ya		yu		yo
	ゃ		ゅ		ょ
	lya		lyu		lyo
	xya		xyu		xyo
ら	ら	り	る	れ	ろ
	ra	ri	ru	re	ro
	りゃ	りぃ	りゅ	りぇ	りょ
	rya	ryi	ryu	rye	ryo
わ	わ				を
	wa				wo
ん	ん				
	nn(n)				
が	が	ぎ	ぐ	げ	ご
	ga	gi	gu	ge	go
	ぎゃ	ぎぃ	ぎゅ	ぎぇ	ぎょ
	gya	gyi	gyu	gye	gyo
	ぐぁ	ぐぃ	ぐぅ	ぐぇ	ぐぉ
	gwa	gwi	gwu	gwe	gwo
ざ	ざ	じ	ず	ぜ	ぞ
	za	zi	zu	ze	zo
		ji			
	じゃ	じぃ	じゅ	じぇ	じょ
	zya	zyi	zyu	zye	zyo
	ja		ju	je	jo
	jya	jyi	jyu	jye	jyo
だ	だ	ぢ	づ	で	ど
	da	di	du	de	do
	ぢゃ	ぢぃ	ぢゅ	ぢぇ	ぢょ
	dya	dyi	dyu	dye	dyo
	でゃ	でぃ	でゅ	でぇ	でょ
	dha	dhi	dhu	dhe	dho
	どぁ	どぃ	どぅ	どぇ	どぉ
	dwa	dwi	dwu	dwe	dwo
ば	ば	び	ぶ	べ	ぼ
	ba	bi	bu	be	bo
	びゃ	びぃ	びゅ	びぇ	びょ
	bya	byi	byu	bye	byo
	ヴぁ	ヴぃ	ヴ	ヴぇ	ヴぉ
	va	vi	vu	ve	vo
	ヴゃ	ヴぃ	ヴゅ	ヴぇ	ヴょ
	vya	vyi	vyu	vye	vyo
ぱ	ぱ	ぴ	ぷ	ぺ	ぽ
	pa	pi	pu	pe	po
	ぴゃ	ぴぃ	ぴゅ	ぴぇ	ぴょ
	pya	pyi	pyu	pye	pyo

・小さな「っ」は,子音を２つ続ける.
例 sakka- →サッカー

付録2　キー機能一覧

キー	読み方	機能
Esc	エスケープ	さまざまなアプリケーションの処理の中断，取り消しに使用する．
半角/全角（半/全）	ハンカク・ゼンカク	半角文字と全角文字の切り替えを行う．IMEでは「A」（半角英数入力モード）と「あ」（日本語入力モード）に切り替わる．
Tab	タブ	インデント（左余白）の挿入や，フォーカスの切り替え（例：ユーザー名の入力後，Tabキーを押すと，パスワードの欄にカーソルが移動する）ができる．
Caps Lock（Caps）	キャプスロック	英文字の大文字と小文字の切り替えを行う．Shift+Caps Lockで大文字小文字入力の切り替えを行う．
Shift	シフト	主に，他のキーとの組み合わせて同時に押すことで使用する．Shift+アルファベットキーで小文字入力モードであれば大文字，大文字入力モードであれば小文字が入力される．加えて，Shift+キーでキーの上部に書かれている文字を入力することができる（例：Shift+4 → $の入力）．
Ctrl	コントロール	他のキーと併用することで，操作のショートカット入力等が可能になる．例えば，Ctrl+Alt+Deleteでタスクマネージャーのダイアログを開き，アプリケーションの強制終了やコンピュータのロックを行うことができる．
Alt	オルト	Alternate（代替）の意味を持つキーで，特殊な機能を持っている．例えば，Alt+F4で開いているアプリケーションを終了する等といった機能を持つ．Ctrlの機能（例：切り取りや貼り付け等）もAltで代用することが可能である．
Windows（Windowsのロゴマークのキー）	ウィンドウ	スタートメニューを開くことができる．また，他のキーと同時に使うことによって，ウィンドウの最大化や最小化等ができる．Windows10では仮想デスクトップ画面の切り替えの機能が付加された．
無変換	ムヘンカン	日本語入力モードの時，全角・半角のカタカナ等に変換する．
変換	ヘンカン	日本語入力モードの時，漢字を含む日本語に変換する（スペースキーと同じ機能）．
カタカナ・ひらがな・ローマ字	カタカナ・ヒラガナ・ローマジ	ひらがな，英数字，カタカナ入力モードの切り替えを行う．また，Altキーと併用することによって，ローマ字入力モードとかな入力モードの切り替えを行うことが可能である．
右下のAltとCtrlの間にあるキー（絵が描かれている）	アプリケーション	マウスを右クリックした際のメニューを表示する．
Enter	エンター	作業の決定と改行の挿入を行う．
Back Space	バックスペース	カーソルの左側の文字を消去する．
F1	ファンクション1	ヘルプとサポートを開く．
F2	ファンクション2	選択しているフォルダやファイルの名前の変更を行う．
F3	ファンクション3	ファイルやフォルダ等の検索画面が開く．
F4	ファンクション4	ウィンドウのアドレスバーを開く．
F5	ファンクション5	最新の状態に更新する（例：ホームページの状態を最新に更新する）．

F6	ファンクション6	ひらがなに変換する.
F7	ファンクション7	全角カタカナに変換する.
F8	ファンクション8	半角カタカナに変換する.
F9	ファンクション9	全角アルファベットに変換する.
F10	ファンクション10	半角アルファベットに変換する.
F11	ファンクション11	ウィンドウを全画面表示にする.
F12	ファンクション12	MS Officeのソフトの場合,「名前をつけて保存」の画面を表示する.
Fn	エフエヌ, あるいはファンクション	キーが少ないタイプのPC（ノートPC等）において, キーの機能をデスクトップタイプと同様に維持するためにあるキーで, 他のキーと組み合わせて使用する.
Print Screen	プリントスクリーン	ノート型のPCではPrtScとなっている場合もある. ディスプレイに表示されている画面をキャプチャする. Print Screenを押すと画面に表示されている全てをキャプチャすることができる. Alt+Print Screenでアクティブウィンドウ（選択されているウィンドウ）のみキャプチャが可能である. 画面のキャプチャについては, 付録3でもふれる.
Scroll Lock	スクロールロック	ノート型PCではScrLKとなっている場合もある. カーソルを移動させないままスクロールできる.
Pause/Break	ポウズ/ブレイク	画面のスクロールを中止する.
Insert	インサート	文書入力ソフトにおける挿入モードと上書きモードの切り替えを行う.
Home	ホーム	カーソルを行頭に移動する.
Page Up	ページアップ	一画面分, 前のページに移動する.
Delete	デリート	ファイルやフォルダを消去する. 文書作成ソフトでは, カーソルの右側の文字を消去する.
End	エンド	カーソルを行末に移動する.
Page Down	ページダウン	一画面分, 後のページに移動する.
Num Lock	ナムロック	テンキーの入力（数字の入力）とそれ以外の機能のキーにするかの切り替えを行う. 例えば, デスクトップ型キーボードのテンキーであれば, 数字の入力と方向キー等の機能に切り替えることが可能である.

付録3　ショートカットキー一覧

キー	機能
Ctrl+A	表示されているものをすべて選択する.
Ctrl+C	選択しているものをコピーする.
Ctrl+N	現在開いているウィンドウをさらに開く.
Ctrl+S	名前を付けて保存, あるいは上書き保存する.
Ctrl+V	貼り付けを行う.
Ctrl+X	切り取りを行う.
Ctrl+Alt+Delete	タスクマネージャーを起動する.
Ctrl+Shift+Esc	タスクマネージャーを起動する.
Alt+Esc	アクティブウィンドウ（現在選択されているウィンドウ）を切り替える.
Alt+Print Screen	アクティブウィンドウのスクリーンショットをとる.
Shiftキーを4～5回押す.	固定キー機能（キーの同時押しをしなくても入力できる機能）を適用できる.
Shift+Caps Lock	大文字と小文字入力の切り替えを行う.

参考文献

・小林貴之・谷口郁生・毒島雄二 著：これからの情報リテラシー，共立出版（2009）
・石原秀男・魚田勝臣・大曽根匡・齋藤雄志・出口博章・綿貫理明 著：コンピュータ概論―情報システム入門 第4版，共立出版（2006）［最新版は，魚田勝臣 編著／渥美幸雄・植竹朋文・大曽根匡・森本祥一・綿貫理明 著：コンピュータ概論―情報システム入門 第7版，共立出版（2017）］
・増田若奈 著：図解ネットワークのしくみ，ディー・アート（2002）
・Lepton 著：Lepton 先生の「ネットワーク技術」勉強会 増補改訂版，翔泳社（2009）

索　引

Memorandum

Memorandum

Memorandum

Memorandum

Memorandum

【著者紹介】

長尾 文孝（ながお ふみたか）
2002年　京都大学大学院農学研究科博士後期課程 単位取得退学
現　在　佛教大学生涯学習部 非常勤講師，修士（環境科学）
専門分野　情報処理
主　著『楽しく学べるC言語』（共立出版）など

情報処理入門
—Windows10 & Office2016—
Introductory Information Processing

2017年11月10日　初版1刷発行
2021年2月15日　初版7刷発行

著　者　長尾文孝 © 2017
発行者　南條光章
発　行　**共立出版株式会社**
東京都文京区小日向 4-6-19（〒112-0006）
電話　03-3947-2511（代表）
振替口座　00110-2-57035
www.kyoritsu-pub.co.jp

印　刷
製　本　星野精版印刷

検印廃止
NDC 007
ISBN 978-4-320-12424-0

一般社団法人
自然科学書協会
会　員

Printed in Japan

DG
Connection to the future with Digital series

DIGITAL SERIES
インターネットビジネス概論
1
第2版